3D人體大透視

莎拉・布魯爾 Dr. Sarah Brewer 著

蔡承志 譯　康聯診所院長 陳皇光 審訂

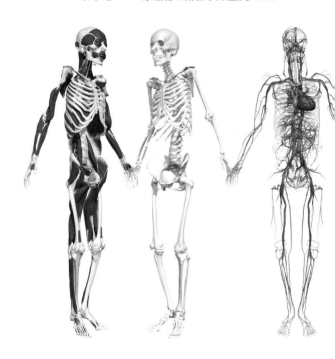

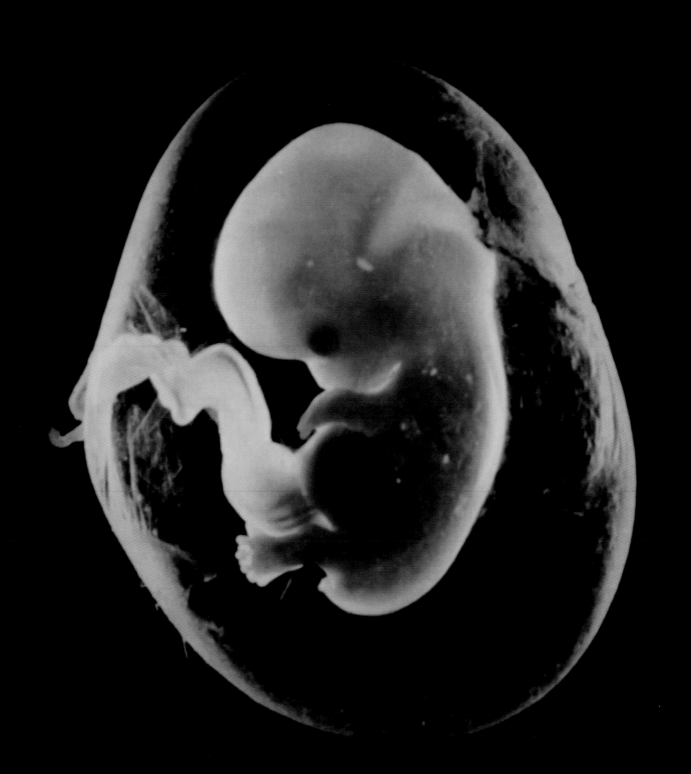

序　　一本適合大眾的健康知識圖譜

醫學是一門重要卻難以入門的知識。在台灣的教育體系下，高中以後除了醫學職業學校或大專醫學相關科系之外，幾乎沒有機會學習到完整及深入的醫療知識。民眾只能從報章雜誌或媒體取得一些片段的醫學新知、未受國際認定的醫學初步研究，甚至是缺乏醫學根據的趣聞，所以經常在面臨醫療問題時無法迅速抓住重點，或與醫療人員做有效地溝通，因而產生錯誤的認知。

　　醫學教育一般分成基礎醫學及臨床醫學，後者是大家熟知如內科、外科、婦科、兒科及牙科等臨床診斷及治療知識，或者是相關臨床運用如復健、護理、檢驗、影像及營養學等專科。而這些臨床知識的建構則需要來自於由微觀到巨觀的生物化學、遺傳學、細胞學、胚胎學、組織學、解剖學、生理學及藥理學，就是所謂的基礎醫學。這些基礎醫學不但對一般民眾來說有如天書般艱澀難懂，對於醫學相關科系的學生也是相當痛苦不堪的學習經驗。特別是醫學相關科系學生不但要學習這些構造，還要用英文或拉丁文原文記憶專有名詞，很多青春歲月都在苦讀記誦中度過。

　　對於筆者來說，醫療專業人員應該致力將艱澀的醫學理論，轉變成民眾易懂的知識，其中還包括專有名詞的中文翻譯、相關照片圖形的繪製與拍攝，這樣才能讓知識普及，讓一般民眾及學生都能迅速掌握學習的重點。

　　莎拉・布魯爾醫師（Dr. Sara Brewer）擁有劍橋大學自然科學、醫學及外科學的學位，並且是一位合格的營養師。她以一般醫學、兩性醫學及健康知識傳播為主要工作，並曾經寫過超過 50 本受歡迎的自我學習醫學相關書籍。

　　布魯爾醫師所編著的這本《3D 人體大透視》（原名 The Human Body - A visual guide to human anatomy）結合了解剖學專家及專業繪圖師，由淺入深地將細胞學、遺傳學、組織學、生理學及解剖學利用超過 350 張彩色精美插圖、照片及詳細解說，將精巧的人體構造清楚地解析，讓一般民眾及醫學相關科系學生可以很快理解醫學的奧祕及掌握學習的重點。

　　本書的章節涵蓋了細胞、皮膚、骨骼、肌肉、神經、呼吸、心血管、免疫、內分泌、消化道、肝臟、腎臟泌尿及生殖系統等章節，提供了基礎醫學所需要知道的系統知識，加上詳細的解說與大量彩色圖片，非常值得一讀，做為學校或家中查閱的健康知識的圖譜。我願意推薦給大家。

陳皇光醫師

台大醫學系畢業
台大預防醫學研究所博士
家庭醫學科專科醫師

CONTENTS

12 細胞

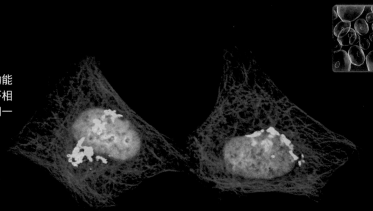

身體以幾百萬顆細胞單元組成，細胞的功能極多，幾乎和它的數目一樣多。細胞各不相同，不過每顆細胞的中央核心，都包含同一套遺傳指令。

22 外皮系統

身體要防範環境侵害主要得靠皮膚、毛髮和指（趾）甲來保護。皮膚是人體最大的器官，包覆全身，構成防水表層並提供防護。

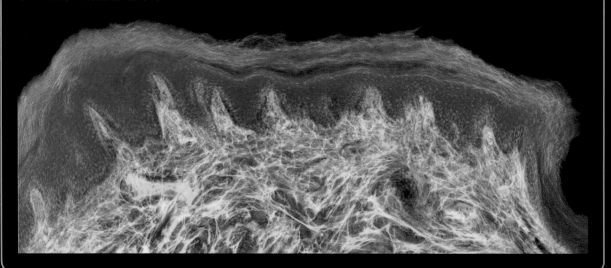

26 骨骼系統

成人全身約有 206 塊骨頭，組成架構支撐全身。骨頭具定錨點供肌肉附著並產生運動。骨骼也包覆並保護腦、心和肺等重要器官。

46 肌肉系統

肌肉推動身體。隨意肌配對屈伸推動骨頭。其他肌肉稱不隨意肌，負責控制體內多屬自主式重要功能的相關運動，比如呼吸和消化等。

56 神經系統

神經系統的組成含腦和脊髓（中樞神經系統）以及神經（周邊神經系統）。神經把來自全身的訊息傳送給腦和脊髓。腦也負責控制身體各系統的互動，調節清醒和睡眠，還能生成思想。自律神經系統負責協調身體的自主功能，比如呼吸。特殊感官讓我們與環境進行複雜互動。

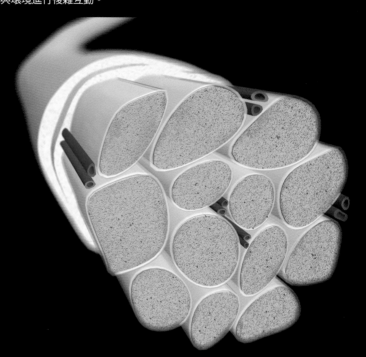

90 呼吸系統

呼吸系統由氣道和肺組成，負責為身體供氧並將呼吸產生的二氧化碳廢物排出體外。含氧空氣經鼻、口和氣管吸入肺中。肺內氣囊的囊壁很薄並具微血管，可讓氧滲入血中，血中二氧化碳也得循此排出。

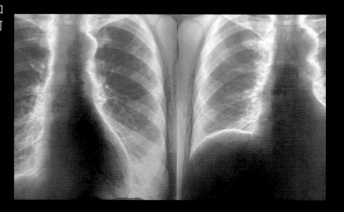

96 心血管系統

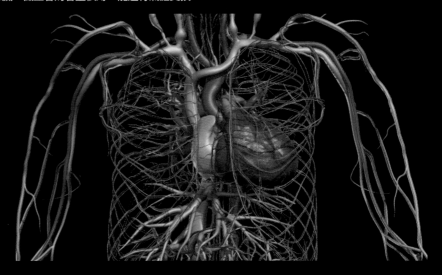

心血管系統的組成含心臟和三類血管（動脈、靜脈與微血管）。這套系統把負責運載氧、葡萄糖和養分的血液輸往身體組織，並將組織中的二氧化碳和乳酸等運走。心臟是「推送」血液繞行全身的中央幫浦。動脈運送血液到組織，靜脈把血液輸回心臟。微血管的管壁很薄，能進行氣體交換。

106 免疫系統

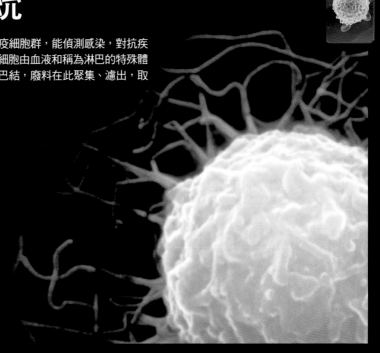

身體的內部防衛系統。體內充滿複雜的免疫細胞群，能偵測感染，對抗疾病，還能製造抗體來預防再度感染。這類細胞由血液和稱為淋巴的特殊體液運載。淋巴依循自有管系循環，流經淋巴結，廢料在此聚集、濾出，取道肝系統沖走。

116 內分泌系統

身體的種種無管腺體和器官都能分泌激素進入血流。激素是
負責傳訊的特殊化學物質，能協調及節制長、短期身體功能
運作，包括新陳代謝和有性生殖乃至於睡眠等。總體而言激
素的生產概由緊貼腦底的「主腺體」（腦下腺）控制。

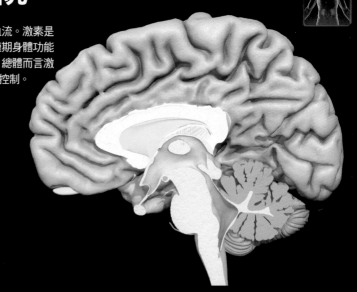

126 消化系統

胃腸道是一種食物處理系統，構造像一條長管，起點在口部，末
端為肛門括約肌。胃腸道從一端收受複雜的食物分子，並借助於
激素和酶等身體化學物質，把它分解成較易溶解的較簡單成分。
這些成分有些由身體吸收使用，另有些則成為廢物排出。

138 肝系統

肝系統由肝臟、膽囊和胰臟組成，和消化系統功能協作。肝系統所含器官能分泌酶來幫忙分解脂肪。肝是其中最大的器官，能收受、處理消化產物，解除酒精等毒物的活性。

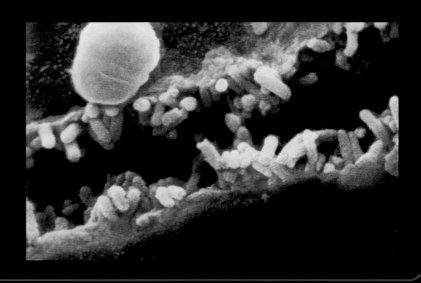

144 泌尿系統

泌尿系統過濾血液，把體內過剩液體化為尿液排出。這套系統包括負責過濾廢物濃縮液體的腎臟，積存尿液的膀胱，還有排放尿液的輸尿管。

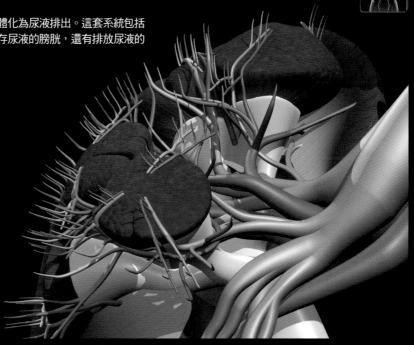

150 生殖系統

這是唯一男女迥異且非終生運作的身體系統。女性的卵子和男性的精子之細胞核，都只攜帶半套即 23 個染色體，至於身體其他細胞則全都攜帶 23 對。

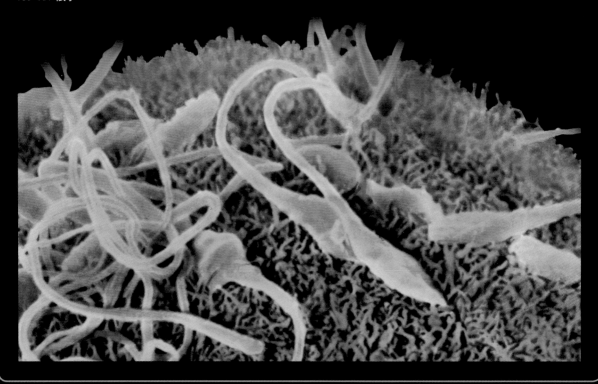

172 詞彙淺釋

人體是細胞通力合作產生的出色成果，人類物種也因此才得以存續。這項對策不論出自天擇演化或智能設計，總歸是相當成功，於是現今全球人口約已達 68 億並持續增長。儘管人口數量龐大，卻沒有哪兩人是完全相像（就連同卵孿生子，在行為、外觀上也有些微差異，因此爸媽依然認得出誰是誰）。人體是個已經受到密集研究的課題，卻仍有眾多祕密尚待披露。活細胞顯像技術逐漸完善，新的化學物質和受體也一天天發現。每有新的發現，都成為下一項發現的踏腳石。

「生命的祕密」

1953 年，詹姆士·華生（James Watson）和法蘭西斯·克里克（Francis Crick）宣布他們發現了「生命的祕密」——去氧核糖核酸結構，也稱為 DNA。這種雙螺旋是種遺傳藍圖，能用來界定我們每個人，還可以像拉鍊般解開，自行複製出一模一樣的副本。換句話說，我們就是 DNA 的產物。

整整 50 年之後，人類基因組的完整序列在 2003 年發表，指出我們 46 個染色體所含 20,000 至 25,000 個基因，分別位於哪個定點。之後不久，就有個人率先把他／她的整組約 30 億對鹼基遺傳密碼形成的 DNA 序列破解，並在 2007 年上載到網際網路。

研究人員原本預測，所有人的 DNA 應該都有 99.9% 完全相同，如今根據對個體基因組分析所得推知，我們的基因起碼有 44% 具多樣變異。這類變異不只支配我們的雙眼和皮膚呈哪種顏色，是捲髮或直髮，甚至耳垢黏性高低，還決定我們的細胞對不同激素如何反應，我們容易染上哪些疾病，甚至我們對不同醫藥如何反應。

然而，儘管有這些相異之處，我們卻都以同一套基礎模板建構成形，擁有相同的身體系統，細胞基本作用也都雷同。

解剖學派別

人體解剖學有兩種描述方式。部位法檢視見於身體特定部位（如手部）的不同結構，並依不同層次逐一解剖，探索各個層次展現的相貌。相對而言，系統法則檢視不同身體系統（如骨骼系統、神經系統和呼吸系統）並逐一研究。舉例來說，這種做法顯示各個骨頭的相互關係，還有腦和脊椎與周邊神經有什麼關係。本書採用系統法，因為這種做法可以更深入了解整個身體是如何運作。

身體系統

人體由幾套分具不同功能的系統組成。這些系統都貫串相連，並經由循環系統和神經系統相互溝通。這所有系統整合起來，身體才能移動、探索並與環境互動，也才能從事生存要務。

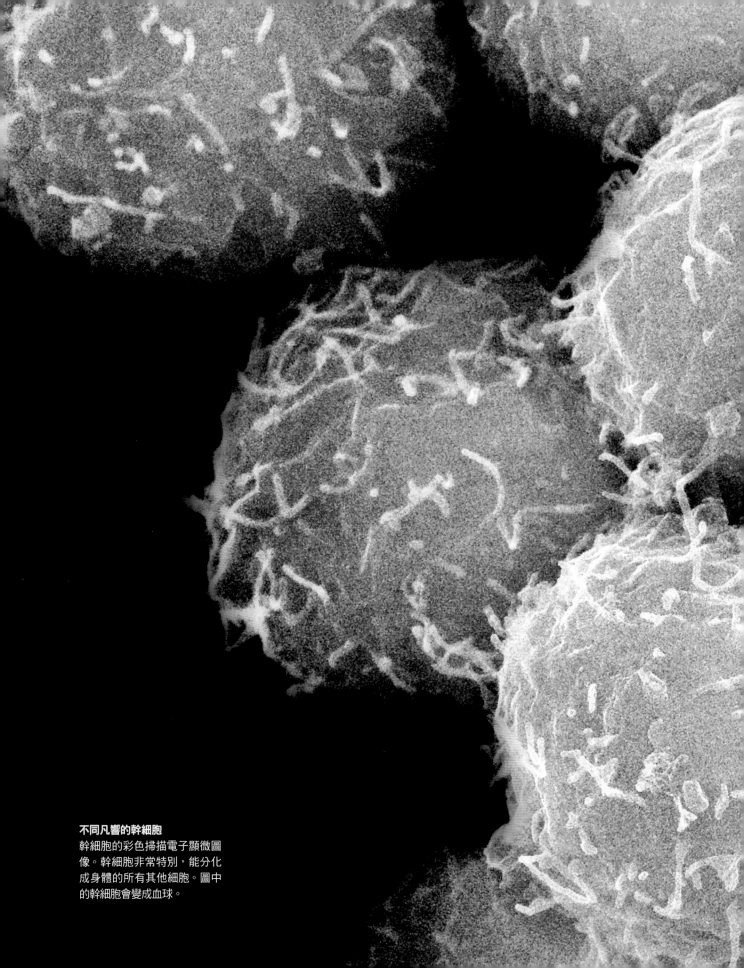

不同凡響的幹細胞
幹細胞的彩色掃描電子顯微圖像。幹細胞非常特別，能分化成身體的所有其他細胞。圖中的幹細胞會變成血球。

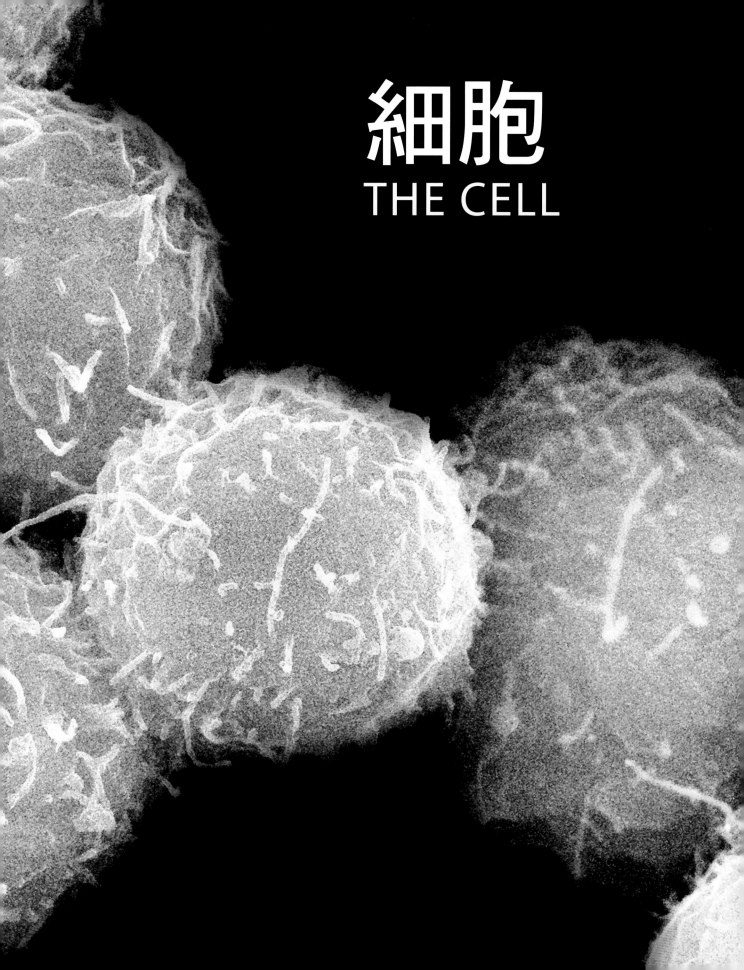

細胞
THE CELL

細胞代謝

儘管人體非常複雜又具多樣特色，卻是以一致的結構單元組成。這種單元稱為細胞，是所有動、植物的最小建構模塊，而且只能從原本已經存在的細胞分裂出現。身體每種組織各具不同功能，外觀也有差別，不過所有細胞的基本結構全都雷同，也因此才能維繫生命。

細胞的結構和功能

儘管細胞各具不同用途，運作方式卻全都相同。所有細胞都：

· 與環境交換物質。
· 分解糖分或脂肪酸來產生能量。
· 使用比較簡單的建構模塊來製造複雜分子。
· 偵測環境信號並做反應。
· 自行複製。
· 在核中含有個人的遺傳藍圖 DNA。

細胞的存活要件包括：必須擁有充分能量來推動種種反應，加上必要的建構模塊以供生長、自行修補並做分裂。儘管細胞能夠製造部分必要原料，其餘仍需經由循環作用和細胞外液才能取得。

細胞相當微小——直徑多為 0.1 公釐左右。典型細胞外覆一種含鹽水液，稱為細胞外液。細胞的外表覆層（原生質膜）把細胞內容物（細胞質）和細胞外液區隔開來。細胞質含一種液體（細胞液），液內有種種細小結構，稱為胞器，各具自有結構並分別在細胞內部發揮功能。胞器都位於細胞質內的特定區域。

細胞的能量生產

就如所有生物，細胞也必須有能量才能發揮作用。葡萄糖和脂肪酸類（脂肪消化生成的副產品）都在細胞內用來生產能量。細胞生成的能量首先用來維修，其次再用來推動細胞分裂，製造新的細胞。能量封存在三磷酸腺苷（ATP）分子裡面並輸運到身體各處。

葡萄糖的輸送

葡萄糖由特殊的運輸蛋白質攜帶，透過細胞膜運入細胞。橫紋肌和脂肪細胞必須有胰島素（胰臟製造的激素，見 P.125）才能啟動輸運作用，將葡萄糖送入細胞，至於其他組織，如肝和腦和腎內的組織，葡萄糖就能自由進入。一旦進入細胞，葡萄糖分子有三種可能命運：

· 有些馬上被分解並當成能量來源（在所有細胞內）。
· 有些（比如在肝臟、肌肉的細胞內）經轉化為肝醣（又稱糖原）澱粉質分子；這可以發揮應急燃料儲備用途。
· 過剩部分經轉化為脂肪酸，作為長期能量儲備（儲存在肝和脂肪的細胞裡面）。

細胞核
最大的胞器，內含染色體，是細胞的控制中樞。多數細胞只有一個核，少數特化骨骼肌細胞擁有好幾個核，成熟紅血球和見於眼睛水晶體的透明細胞則無核。細胞核外覆核膜，和細胞的其餘部位分隔開來。

細胞質
位於核外，呈透明凝膠狀，胞器都懸浮於這個部位。

微管
中空的管子，由一種稱為微管蛋白的蛋白質製成，構成細胞的內骨架，用來保持形狀，輔助細胞分裂和細胞內的胞器運動以及囊泡運輸功能。

平滑內質網
一種胞內分支網管，參與脂肪酸與類固醇的製造，以及鈣質的儲存和釋出作用。

核糖體
一種小型構造單元，用來組造胺基酸鏈，再以此製出蛋白質。有些核糖體在細胞質內自由移動，另有些則附著於粗糙內質網，這種網絡負責把新形成的蛋白質導往高基氏體。

微絲
纖細的絲狀纖維，以一種稱為肌動蛋白的蛋白質製成。微絲形成細胞的內骨架部位，於是細胞才能改變形狀，並「滾轉」移行或沿著表面「爬行」。

核膜
把細胞核和細胞其餘部位分開的界膜。核膜具細孔，稱為核膜孔，可供化學物質在細胞核和細胞質間往返穿行。

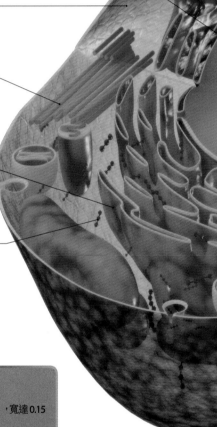

原生質膜
把細胞內部和周圍環境分開的防護套膜。膜上含有能偵測化學訊息的特化受器，還有能調節物質流進流出細胞的幫浦和細孔。這層薄膜還讓細胞固定於周圍組織，並在特殊接面把相鄰細胞接合起來，共同構成組織。

中心粒

一種細小圓柱體，彼此垂直交錯，各以九組併合微管組成。中心粒和細胞分裂以及細胞微管的形成和伸長都有關聯。

溶酶體

一種細小囊泡，內含強酸和酶，能分解老舊損壞的胞器，並把細胞逮住的細菌和異物消化掉。

高基氏體

是細胞的加工暨轉運區，負責儲存、分類並修改細胞內的產物，接著還把成品封進囊泡，運往其他胞器或細胞表面。囊泡是以薄膜封住的囊袋，由細胞裁下本身一段原料製成。多數細胞只需一個高基氏體，不過有些擁有更多個。

過氧化酶體

一種細小囊泡，具解毒功能，若細胞內出現酒精、過氧化氫等毒素，就由它來處理。

粗糙內質網

是一種內部網絡，由表面布有核糖體的扁平囊袋構成，作用和封裝蛋白質有關

粒線體

細胞的電池組。粒線體消耗氧氣、葡萄糖和脂肪酸，釋出能量和二氧化碳廢氣。能量需求大的細胞所含粒線體數可達一千。

粒線體含有自己的遺傳物質，據信它們是演化自共生細菌，而且在地球生命初現之際，就與單細胞生物結合。

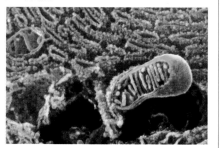

能量儲備

葡萄糖分子串接成分支龐雜的大型分子並形成肝醣。支鏈末端的葡萄糖分子可以因應需求截下來。成人平均有 70 克肝醣儲於肝臟，200 克儲於肌肉細胞。你睡覺時整夜斷食，腦部得靠分解肝臟中的肝醣，穩定提供葡萄糖燃料來維持活動。

從葡萄糖產生能量

你的細胞讓葡萄糖和氧結合，分解生成二氧化碳、水和富含能量的分子，這就能用來推動其他代謝反應。還有部分能量則化為熱能消耗掉。細胞接連運用二十多種化學變化，各自以一種稱為酶的物質來調節，層層控制來釋出葡萄糖所含能量。這其中多種酶都需要維生素、礦物質和輔酶等物質的輔助，才能好好運作。

- 有種胞器叫粒線體，能氧化葡萄糖和脂肪酸，產生能量以供即時使用（見下圖）。
- 過剩的葡萄糖經轉化為脂肪酸儲存起來。這種過程出現在肝臟和脂肪細胞的平滑內質網，授乳時乳腺細胞也有這種現象。

分解（氧化）一個葡萄糖分子能生成 31 個富含能量的 ATP 分子。然而，氧化一個脂肪酸能產出的 ATP 分子卻超過 100 個，因此這種能源的效能好太多了。

脂肪酸

細胞另一種重要的燃料。脂肪細胞能儲存三酸甘油酯。這種脂肪分子是以三個脂肪酸鏈附上一個甘油分子共同組成，形狀類似大寫的 E。當你的細胞需要能量，葡萄糖水平卻很低時，你的胰臟就不再生產胰島素，改生產另一種激素，稱為升糖素（另稱胰高血糖素）。升糖素能催化分解三酸甘油酯儲備，釋出脂肪酸鏈供作燃料使用。

你運動時，肌肉、肝臟細胞的能量，大半都得自脂肪酸的氧化作用。

蛋白質的建構模塊

細胞需要蛋白質才能促使身體生長並做修補工作。身體製造的蛋白質超過三萬種，分別以稱為胺基酸的建構模塊製成。

每種蛋白質的功能和形狀，完全看所含胺基酸的確切序列而定，這種序列完全聽憑細胞核中 DNA（見 P.16）持有的遺傳密碼支配。蛋白質鏈在細胞質中由核糖體輔助製成。

DNA

每顆細胞的核心都含有你的完整遺傳藍圖，收納在 46 個細密捲繞的 DNA 分子裡面，這就是染色體。每個分子都以兩股鏈條組成，這種鏈條單元稱為核苷酸，兩鏈彼此纏繞成螺線形，構成很長的雙螺旋。

核苷酸的結構

每股核苷酸都以一磷酸基、去氧核糖（一種糖）和一種鹼基化學物質構成，鹼基又分四種：腺嘌呤（adenine, A）、胸腺嘧啶（thymine, T）、胞嘧啶（cytosine, C）以及鳥嘌呤（guanine, G）。這類鹼基正面朝內，配對形成雙螺旋階梯的梯級。重要的是，A 永遠和 T 配對，C 始終和 G 配對。

DNA 供應製造蛋白質所需的密碼，再由細胞依循以一串胺基酸構成蛋白質。這種密碼取決於鹼基在 DNA 螺旋之一股（稱為「正意股」）的出現順序而定。每種胺基酸都由一組三鹼基串（三聯體）密碼決定。這種密碼可以告訴各細胞，該採哪種順序來擺放胺基酸，組成一股蛋白質鏈。

基因

是 DNA 段落，能提供所有必要編碼來製出一種蛋白質。全球科學家透過人類基因組計畫通力合作，如今已破解構成人類的基因序列。科學家確認，每個人都擁有約四萬個基因，遠少於原先預估的數量。

一個人每顆細胞所含的基因都一模一樣，不過不同基因仍視細胞類型分別開啟、關閉，所以細胞才能因應所需來製造特定蛋白質。因此肝臟細胞、肌肉細胞、皮膚細胞和脂肪細胞，彼此全都相當不同。

每種基因在人口群中分具眾多不同型式，實際就要看該基因的 A 與 T 或 C 與 G 子單元之確切順序而定。你從父母雙方各繼承 23 個染色體，儘管所有人繼承的基因數量和類別全都相同，其中卻有微妙差異，也讓每人都獨具特色，和地球上六十八億人全都不同。

你繼承的基因，有些能決定你的外觀特色，如膚色、髮色和眼睛的顏色，另有些則決定你的代謝如何作用，還有你有沒有罹患高血壓、糖尿病或癌症等的風險。

製造蛋白質

當某顆身體細胞需要某種蛋白質，含有恰當基因的 DNA 雙螺旋就像拉鍊般暫時解開，按照本身樣式（稱為模板）製出一個副本。這個副本稱為信使核糖核酸（mRNA）。mRNA 和 DNA 不同之處在於，副本只有一股核苷酸（而非兩股）。

新形成的信使 RNA 脫離細胞核，進入細胞質與核糖體交互作用。核糖體是細胞的特殊子單元，負責組裝胺基酸鏈，用來製造蛋白質。一段段胺基酸串成簡單鏈股，稱為多肽。接著再形成串連的或摺疊的形狀（次級結構）。較長胺基酸鏈股摺疊成複雜的三維形狀（三級結構）。這類形狀讓蛋白質得以彼此互動，產生物理、化學作用，並奠定細胞辨識和免疫力的基礎。

核糖體鏈

右方的「假色透射電子顯微圖像」顯示為人腦細胞內的一股多核糖體，放大至 240,000 倍。這是一條核糖體「鏈」（綠色），當蛋白質在細胞內合成之時，由一股信使 RNA 串接而成。

蛋白質的形成步驟

細胞核中一段含恰當基因的 DNA 雙螺旋暫時解開。這個段落使用基因內的「反意股」做為模板，製出一個「正意股」副本。該副本稱為信使 RNA，形成一個單股核苷酸，內含核糖（而非去氧核糖），接著就進行鹼基代換，使用略微不同的尿嘧啶（uracil, U）來取代胸腺嘧啶。

新形成的信使 RNA 穿過核膜孔離開細胞核，一進入細胞質就和浮在細胞質內的核糖體交互作用。單一胺基酸會被另一種形式的核糖核酸（tRNA，又稱為傳遞 RNA）帶入核糖體中。就像信使 RNA，傳遞 RNA 也是按照 DNA 分子的特定區段複製而成。蛋白質由若干胺基酸鏈製成，組裝順序則由三鹼基組（三聯體）支配。

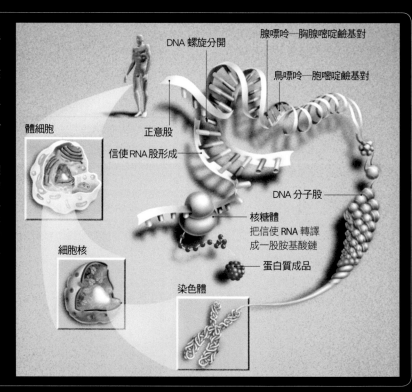

DNA 螺旋分開

腺嘌呤─胸腺嘧啶鹼基對

鳥嘌呤─胞嘧啶鹼基對

體細胞

正意股

信使 RNA 股形成

DNA 分子股

核糖體
把信使 RNA 轉譯成一股胺基酸鏈

細胞核

蛋白質成品

染色體

細胞分裂

你的身體最初是個內含完整 DNA 的單一受精卵。這顆細胞分裂生成 2 顆細胞，接著 4 顆，接著 8 顆、16 顆並依此類推。胚胎和胎兒期的生長作用相當快速，受精卵大小約如句號，才九個月就增長到相當大，形成重三公斤或更大的嬰兒（見 P. 156–167 談懷孕和嬰兒生長的段落）。細胞分裂過程會延續到成人期，不過每種細胞多久分裂一次就要看類別而定，生長迅速的細胞可達每 24 小時分裂一次。

DNA 拷貝步驟

細胞分裂時，每個「子」細胞都收到原始 DNA 的一套完整副本。DNA 必須先複製，細胞才能分裂。一開始，各染色體雙螺旋先「解開」。兩邊（兩股）作用都像模板，可供新的核苷酸附著。這時一種酶（DNA 聚合酶）會確保每個新現身的核苷酸，都與一個新鹼基配對，可能是腺嘌呤（A）配胸腺嘧啶（T），不然就是胞嘧啶（C）配鳥嘌呤（G），見 P. 16。最後成品就是兩股一模一樣的 DNA，各含一股原始 DNA 和一股新合成的 DNA。

DNA 複製

早自螺旋解開之時便已開始。DNA 聚合酶作用很快，每秒能串接 50 條核苷酸。這種酶還能自行核驗製品，必要時還能逆轉方向來糾正錯誤。

身體小百科

DNA 拷貝機

- 細胞每次分裂，染色體都會稍微縮短。這是由於染色體臂末端永遠不複製，末端含「端粒」，這是種「拷貝機」，負責生產端粒酶。
- 端粒由六鹼基重複序列組成：其中一股的 TTAGGG 與另一股的 AATCCC 結合。
- 端粒的作用就像「反意股」，於是 DNA 分子才能縮短卻又不會失去基因。
- 細胞每次分裂，各染色體的端粒都縮短 30-200 對鹼基。
- 新生嬰兒的端粒約含 8,000 對鹼基。
- 老年人的端粒約含 1,500 對鹼基。
- 當端粒變得太短，細胞就不再能分裂，接著便停止活動或死亡。
- 端粒縮短作用代表多數細胞只能分裂 50-70 次。
- 人們相信端粒的縮短在老化過程扮演某種角色。
- 端粒酶能拉長端粒，不過這種酶通常不多見，只有在能複製無數次的細胞中（比如胚胎幹細胞和癌細胞），才會出現顯著數量。
- 想延長人類壽命的遺傳工程師正針對端粒酶進行研究。

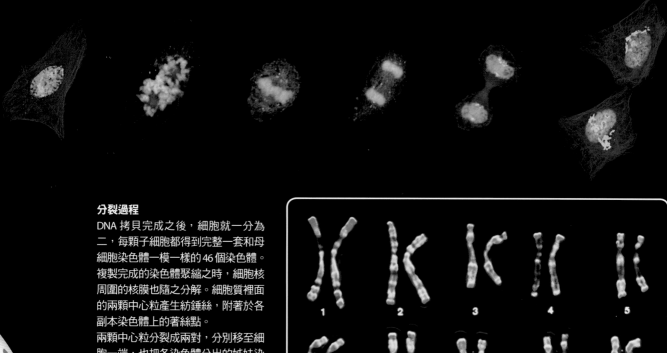

分裂過程

DNA 拷貝完成之後，細胞就一分為二，每顆子細胞都得到完整一套和母細胞染色體一模一樣的 46 個染色體。複製完成的染色體聚縮之時，細胞核周圍的核膜也隨之分解。細胞質裡面的兩顆中心粒產生紡錘絲，附著於各副本染色體上的著絲點。

兩顆中心粒分裂成兩對，分別移至細胞一端，也把各染色體分出的姊妹染色分體一道拉走，隨後細胞質才跟著分裂。

細胞核中的染色質聚縮形成副本染色體。兩顆中心粒經複製並移向細胞相對兩極。中心粒紡錘絲扯動副本染色體，在細胞赤道拉成一線。兩個副本染色體分割，紡錘絲把姊妹染色分體拉開。收縮性蛋白質把細胞質捏縮分為兩部。紡錘絲斷裂，染色體紓解形成染色質，核膜重新形成。兩顆一模一樣的子細胞成形。

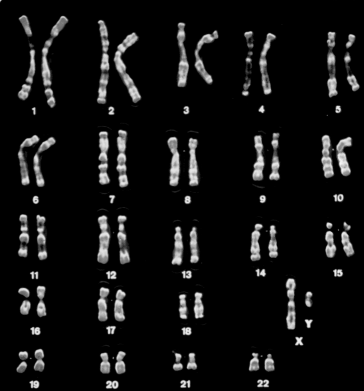

染色體

身體所有細胞的細胞核都含 46 個 DNA 分子，稱為染色體，共配成 23 對。每對染色體之一遺傳自母親，另一個得自父親。其中 44 個染色體所含基因能提供蛋白質密碼，這些蛋白質和每個細胞的結構、功能都有關聯。另外那對是性染色體，含有能決定一個人的男（Y）女（X）特性的資訊。

DNA 分子鬆散纏捲，包覆一類特殊的蛋白質（組織蛋白），這種蛋白質能形成一種麵條狀複合物，稱為染色質。細胞分裂之前，各 DNA 分子先經拷貝並聚縮形成副本染色體。各副本染色體分含兩股一模一樣的 DNA，稱為姊妹染色分體。染色分體仍附著於一定點，稱為著絲點。染色體末端都含重複的 DNA 段落，稱為端粒，端粒永不拷貝。複製之後，DNA 分子再次聚縮，各自形成 X 形結構，稱為副本染色體。

本圖所示為「核型」，也就是依標準順序排列的全套染色體對組型圖。圖示代表一男子，因為最後兩個染色體為一個 X 和一個 Y。女性則有兩個 X 染色體。

組織和器官的形成

我們最初都是一個單細胞，從一個受精卵一再分裂，最後生成多達五十兆顆細胞。你在發展期間，每顆細胞都經特化，各司不同功能，好比運動（肌肉細胞）、結構支撐（骨細胞）、發出電訊號（神經細胞）或攜帶氧氣（紅血球）。原始未分化細胞轉變為特化細胞的過程稱為分化，最後結果取決於各細胞 DNA 有哪些基因「啟動」，哪些「關閉」而定。

你全身共有超過兩百種不同類細胞。細胞受化學信號控制，經編碼分別在指定位置執行特定事項，不過有關化學信號為什麼、如何控制細胞編碼，所知仍很粗淺。

組織

細胞分化、分裂並移往新地點，與同具相仿性質的其他特化細胞結合，共同形成組織。體內兩百種細胞分為四大類，構成四類組織。每類都可以細分為幾個子類，各自執行特化功能。多數組織所含細胞定期分裂以生長、再生和修補。有些細胞不能再生，比如成熟的腦細胞。

細胞膜

組織內所有細胞都以細胞膜彼此相連，也透過細胞膜溝通。細胞膜含有一種雙層釘狀磷脂質分子，「頭」端受水吸引（親水端），「尾」端則排斥水（疏水端）。這種特質讓磷脂形成更像流質而不像固體，還能彼此交錯漂移的雙層結構。具不同功能的蛋白質分別附著於細胞膜兩側，或穿膜形成細孔。細胞表面的受體負責偵測激素和充當信使的免疫化學物質，告訴細胞該做哪些動作，比如啟動若干基因或分泌特定蛋白質，或者開始分裂。

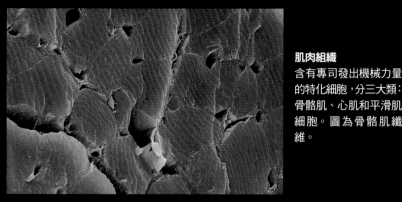

肌肉組織

含有專司發出機械力量的特化細胞，分三大類：骨骼肌、心肌和平滑肌細胞。圖為骨骼肌纖維。

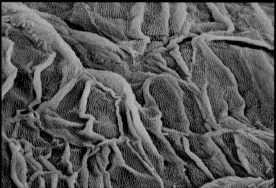
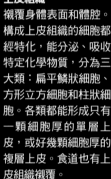

上皮組織

襯覆身體表面和體腔。構成上皮組織的細胞都經特化，能分泌、吸收特定化學物質，分為三大類：扁平鱗狀細胞、方形立方細胞和柱狀細胞。各類都能形成只有一顆細胞厚的單層上皮，或好幾顆細胞厚的複層上皮。食道也有上皮組織襯覆。

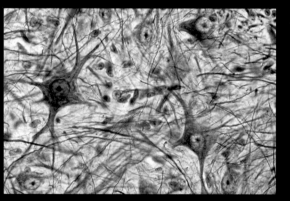

神經細胞

又稱神經元，這是經特化能發出、傳導電荷的細胞。神經元分四大類：腦細胞、把衝動傳往腦部的感覺神經元、傳輸腦部指令的運動神經元、把感覺和運動神經元串連起來的中間神經元。圖為各式腦細胞混合。

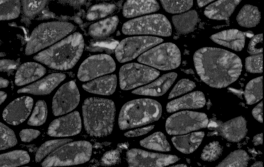

結締組織

以專門支撐身體結構的細胞組成。結締組織細胞含多種不同類型，如軟骨細胞、骨細胞、血球和儲存脂質的脂肪細胞。圖為軟骨細胞切片。

身體小百科

體液

· 你的體細胞都浸泡在一片內海當中，那汪液體是以微血管（見 P.102）滲出的血漿匯聚而成。體液又稱組織間液，能：
– 為細胞供氧並帶來養分，
– 帶走激素和生長因子等細胞產物，
– 沖走二氧化碳等細胞廢物，
– 幫忙維持恆定的細胞環境。
· 浸泡你細胞的組織間液約達 11 公升。
· 組織間液加上 3 公升血漿（血液的液體部分）合稱身體的細胞外液。
· 細胞內部的液體（細胞內液）總量多達 28 公升左右。

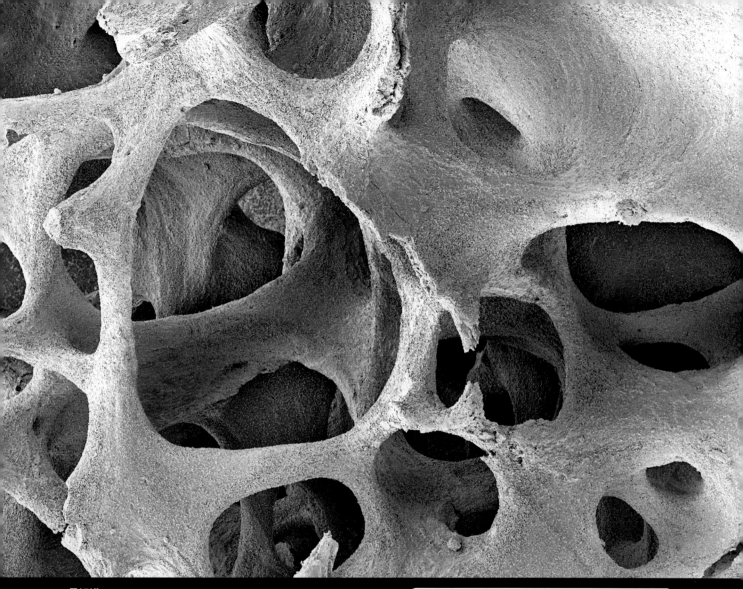

骨組織

構成骨組織的細胞都由結締組織形成。
骨組織分為緻密骨（即皮質骨）和海綿
骨（即疏鬆骨）兩類。骨頭外層通常以
皮質骨組成，圖中所示的海綿骨則通常
見於骨頭內部。海綿骨的典型外觀就像
蜂巢，由特殊的桿狀結構網絡組成，能
賦予骨頭強度。骨髓是一種造血物質（見
P.30），在中空間隙製成。幹細胞見於骨
髓。

器官

體內不同組織結合形成器官，構成你身體各系統的重
要部位。前述的四類組織，體內每種器官最少都含兩
類。這些組織經列置成片、管或層狀，用來組成各器
官的不同部位。你的每種器官，如皮膚、肺、腎、胃、
肝、心和腦，都執行一項特定功能，對你的身體存活
有至關重大的影響。每種器官都是更大系統的組成部
分，這些系統可能含有不只一種器官，比如肺臟屬呼
吸系統（見 P.90），心臟屬心血管系統（見 P.96），
而腦則是神經系統（見 P.56）的一部分。

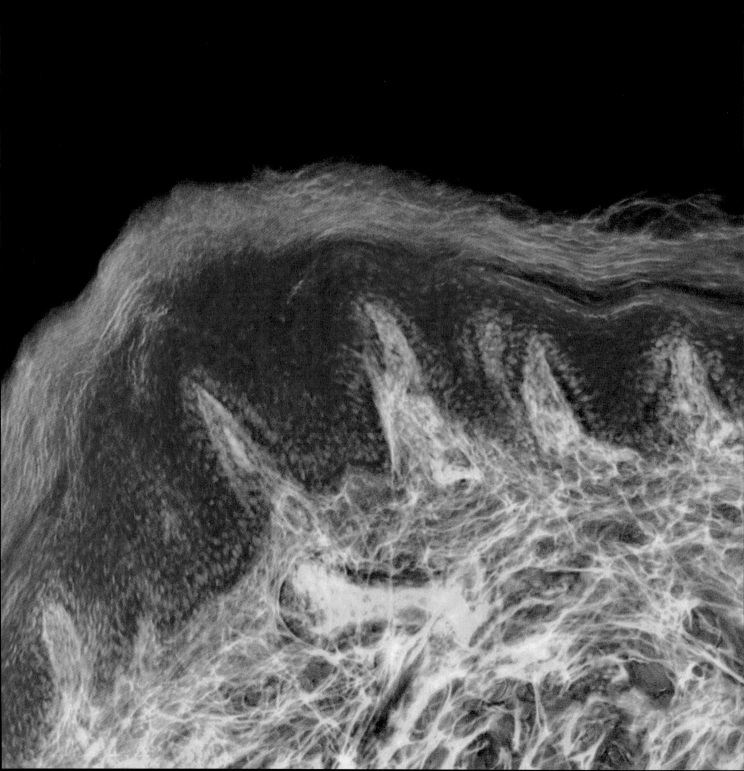

外皮系統
INTEGUMENTARY SYSTEM

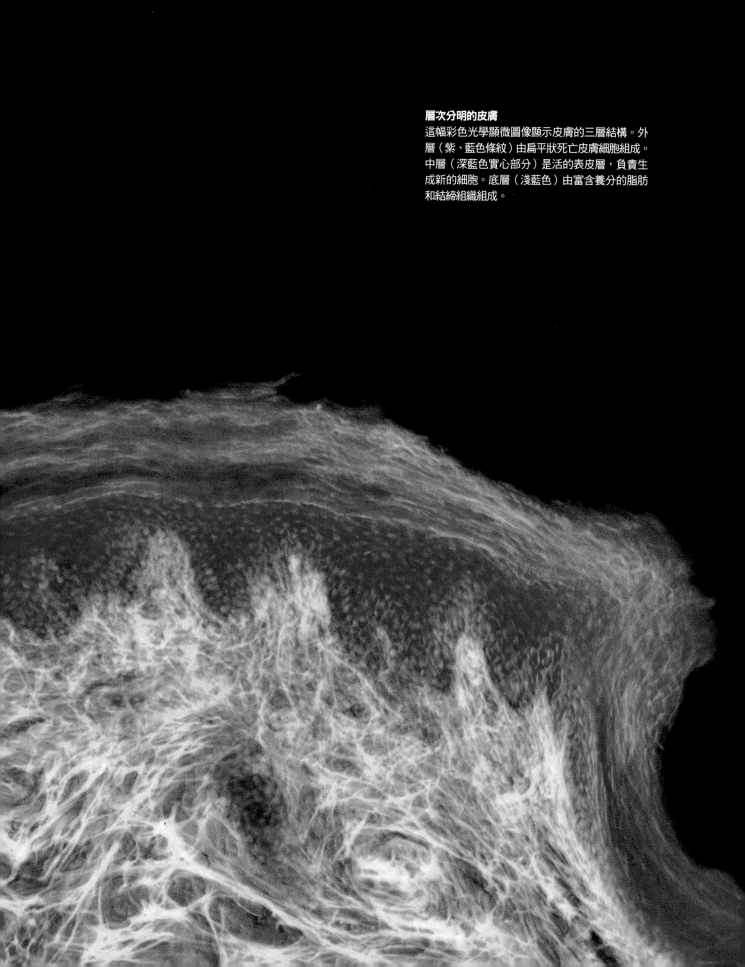

層次分明的皮膚
這幅彩色光學顯微圖像顯示皮膚的三層結構。外層（紫、藍色條紋）由扁平狀死亡皮膚細胞組成。中層（深藍色實心部分）是活的表皮層，負責生成新的細胞。底層（淺藍色）由富含養分的脂肪和結締組織組成。

皮膚、毛髮和指（趾）甲

你的皮膚主要有兩層：外層的表皮和內層的真皮。厚度都只有幾顆細胞厚。表皮和真皮底下有一層身體脂肪。真皮內含神經末梢，能感測疼痛、壓力和溫度。

真皮

真皮一般都比表皮厚，只含活的細胞。真皮以緻密結締組織構成，內含膠原和彈性蛋白纖維，為你的皮膚帶來色澤和強度。

內層真皮含一套以細小血管構成的網絡，還有汗腺、毛囊、皮脂腺和神經末梢。

表皮

外皮膚層會不斷更新。表皮的最底層叫做基底層，只含一排細胞，而且不斷分裂，把新的細胞向上推往身體表面。當基底細胞向上移動，同時也逐一失去細胞核，最後便充滿一種堅韌的蛋白質，稱為角質（即角蛋白）。細胞變扁、變硬，最後死亡，生成一片角質化防護外層。這層稱為角質細胞的表面細胞，會不斷耗損替換。基底細胞之間有黑色素細胞夾雜分布，能製造黑色素，從而決定你的膚色。

含黑色素細胞的組織

角質層　　　　顆粒層

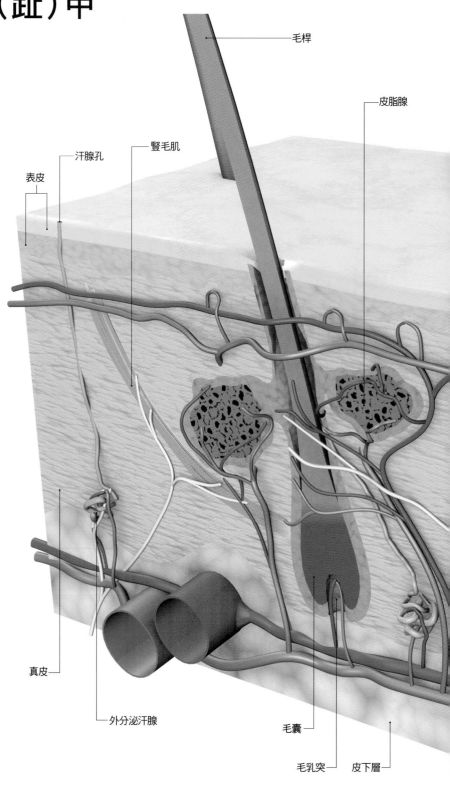

毛桿

皮脂腺

豎毛肌

汗腺孔

表皮

真皮

外分泌汗腺

毛囊

毛乳突　　皮下層

身體小百科

難以匹敵的皮膚
- 皮膚是人體最大器官，總面積廣達 2 平方公尺。
- 皮膚的平均厚度為 2 公釐。
- 你的眼瞼和嘴唇部位的皮膚最薄，腳後跟的皮膚最厚。
- 家中塵埃大半都是脫落的皮膚細胞。
- 你的指甲每個月約長 3 公釐。
- 手指甲從根部長到指尖需時 3-6 個月。腳趾甲則需 12-18 個月。

毛髮

毛髮是真皮深處的囊泡製成的蛋白纖維。毛髮為你保暖，阻止熱量從身體散發。每個毛囊都含一毛根，毛根本身擁有一套細小血管暨神經網絡。每個毛囊都附著一個皮脂腺，能幫忙潤澤毛髮。在活躍生長階段，毛根周圍由稱為毛球的活組織緊密環繞。毛球含一層分裂細胞。新細胞形成時，老舊的便死亡並向外推出，形成毛根和毛桿。每根毛髮都有一塊肌肉（豎毛肌）附著，能扯立毛髮，讓體表起「雞皮疙瘩」。毛髮的質地、色澤、捲曲度、粗細和長度都由遺傳決定。各毛囊底部都有能製造黑色素的細胞，負責提供色素滲入毛根。紅色黑色素能染出金髮、赤褐髮或紅髮，黑色黑色素則能染出或濃或淡的棕、黑色，實際要看濃度而定。金髮所含黑色素很淡，只見於毛桿中層（皮質）。有深色毛髮的人，黑色素見於皮質和內層核心（髓質），因此顏色較濃。

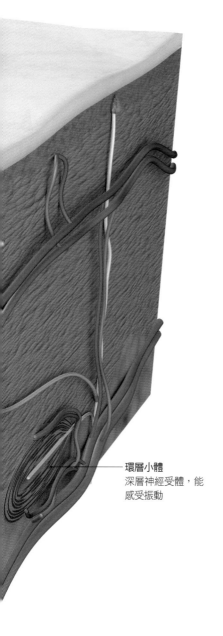

環層小體
深層神經受體，能感受振動

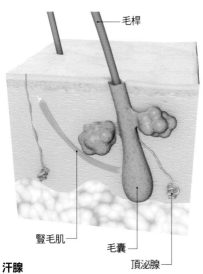

毛桿

豎毛肌　毛囊　頂泌腺

汗腺

汗腺是圈繞的中空長管。汗水在真皮深處的圈繞部分製成，循長管輸往皮膚表面。汗腺分兩類：外分泌汗腺分布極廣，幾乎全身都有，密度最高的在手掌和腳底部位。這類汗腺分泌水、鹽和其他廢物。頂泌汗腺見於皮膚長毛的部位，如腋窩、鼠蹊部和頭皮。頂泌汗腺從青春期開始活躍，泌出的汗水含有蛋白質、脂肪和糖分，而且是泌入毛囊，而非皮膚表面。這類汗水經皮膚細菌分解，產生獨特的難聞體臭。

皮脂腺

皮脂腺見於全身皮膚（眼瞼除外），手掌和腳底特別密集。皮脂腺分泌一種含脂質的油質化合物，稱為皮脂，可幫皮膚保留水分。

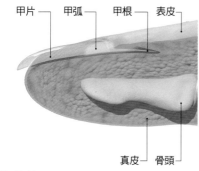

甲片　甲弧　甲根　表皮

真皮　骨頭

指（趾）甲

指（趾）甲是一種特化的皮膚結構，以一種叫做角蛋白的堅韌蛋白質構成。指（趾）甲能強化你的手指、腳趾先端，保護指、趾不受傷害，並提高你抓握小物品的能力。每片指（趾）甲都由三個部分組成：甲根、甲片和先端的游離前緣。甲弧是一個可見的半月形，位於負責生成新指（趾）甲的甲根。拇指甲的甲弧很明顯，小指甲的就看不清楚。甲弧外覆薄層角皮摺，這通常是指（趾）甲生長時從周圍皮膚拉出來的。指（趾）甲都從甲根開始生長，一直長到甲尖，所需額外養分由甲床補給。

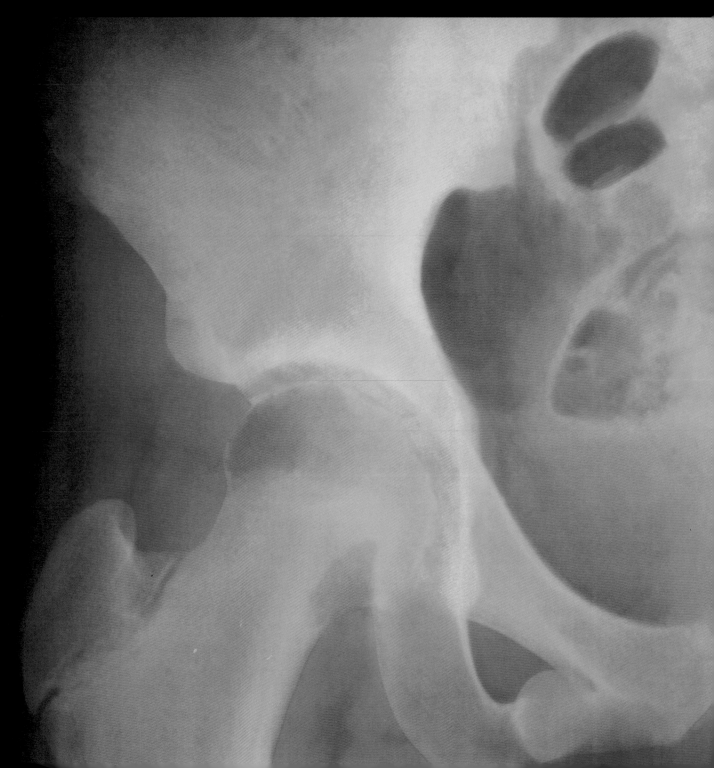

骨骼系統
SKELETAL SYSTEM

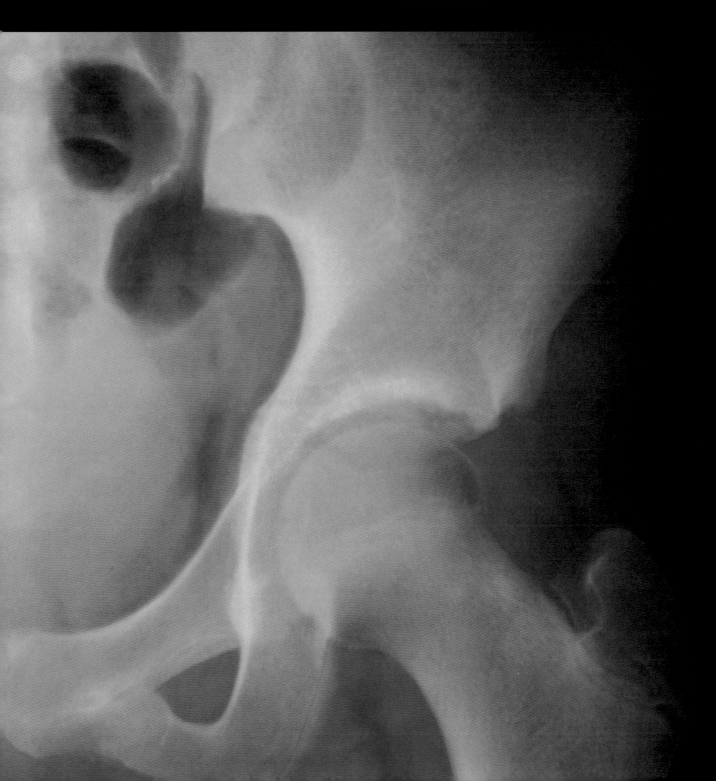

骨盆搖籃
這是骨盆部位的彩色 X 光圖像。骨盆是骨骼系統的最大結構。骨盆帶牢牢附著於脊柱基部，能提高穩定性，也幫忙讓體重更均衡向下肢轉移。女性骨盆稍比一般男性的骨盆更深、更寬，利於在懷孕時支撐胎兒。

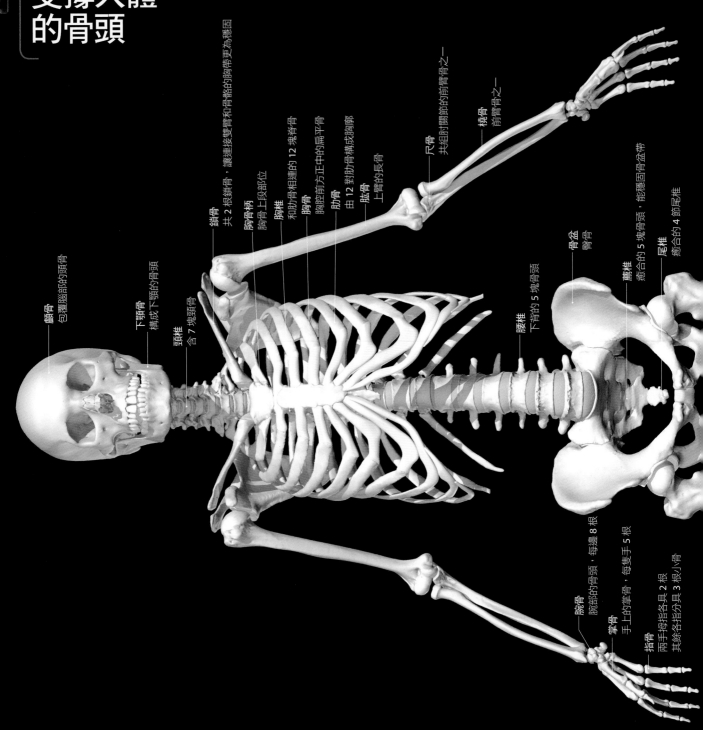

顱骨
包覆腦部的頭骨

下顎骨
構成下顎的骨頭

頸椎
含 7 塊頸骨

鎖骨
共 2 根鎖骨，讓連接雙臂和骨骼的胸帶更為穩固

胸骨柄
胸骨上段部位

胸椎
和肋骨相連的 12 塊脊骨

胸骨
胸腔前方正中的扁平骨

肋骨
由 12 對肋骨構成胸廓

肱骨
上臂的長骨

尺骨
共組肘關節的的前臂骨之一

橈骨
前臂骨之一

骨盆
臀骨

薦椎
下背的 5 塊骨頭

腰椎
下背的 5 塊脊骨

尾椎
癒合的 4 節尾椎

癒合的 5 塊骨頭，能穩固骨盆帶

腕骨
腕部的骨頭，每邊 8 根

掌骨
手上的掌骨，每隻手 5 根

指骨
兩手拇指各具 2 根
其餘各指分具 3 根小骨

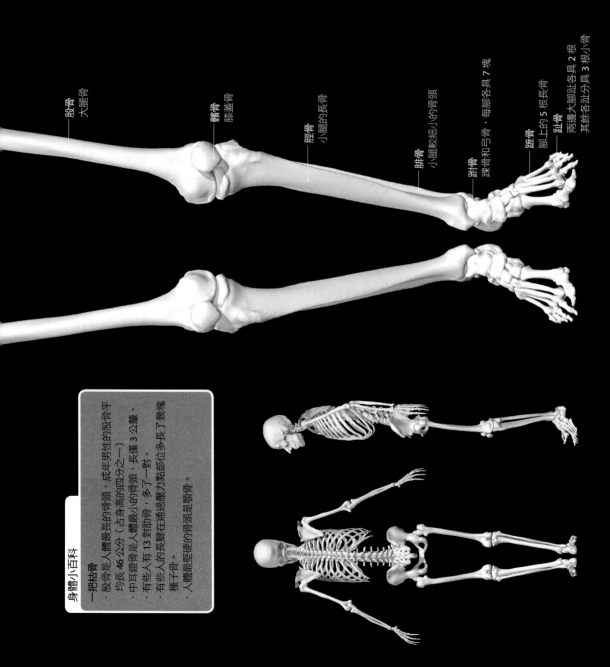

股骨
大腿骨

髕骨
膝蓋骨

脛骨
小腿的長骨

腓骨
小腿較細小的骨頭

跗骨
踝骨和弓骨，每腳各具 7 塊

蹠骨
腳上的 5 根長骨

趾骨
兩邊大腳趾各具 2 根
其餘各趾分具 3 根小骨

骨頭的構造

你的骨頭是活組織，裡面有膠原纖維網絡，間隙填滿磷酸鈣礦物質。骨頭的堅硬外層稱為皮質骨，組成原料是稱為骨元的細小骨管，構成一層強健的外殼。皮質骨裡面是一種海綿質中央填充物，稱為海綿骨，由許多小支柱（骨小樑）架成蜂巢狀，能強固骨頭，同時依然相當輕巧。

長骨
每根長骨都含一骨桿（骨幹）和兩處骨端（骨骺）。骨桿構造含外側皮質骨厚層，包覆裡面的海綿骨，再往內是裝骨髓的中央腔。兩端主要以海綿骨構成且外覆薄層皮質骨。長骨靠近骨端的部位叫骨骺板，骨頭在生長期會從這裡伸長。一旦骨骺板癒合，人就不再長高。

海綿骨

骨髓

皮質骨

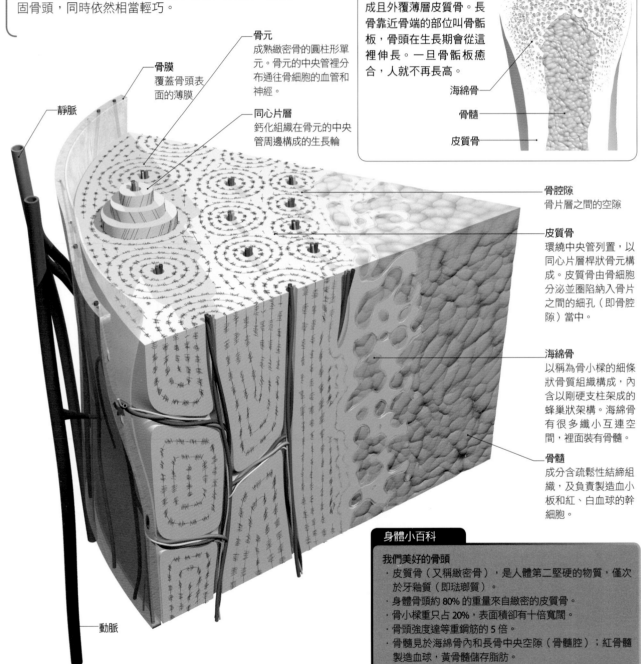

骨膜
覆蓋骨頭表面的薄膜

靜脈

骨元
成熟緻密骨的圓柱形單元。骨元的中央管裡分布通往骨細胞的血管和神經。

同心片層
鈣化組織在骨元的中央管周邊構成的生長輪

骨腔隙
骨片層之間的空隙

皮質骨
環繞中央管列置，以同心片層桿狀骨元構成。皮質骨由骨細胞分泌並圈陷納入骨片之間的細孔（即骨腔隙）當中。

海綿骨
以稱為骨小樑的細條狀骨質組織構成，內含以剛硬支柱架成的蜂巢狀架構。海綿骨有很多纖小互連空間，裡面裝有骨髓。

骨髓
成分含疏鬆性結締組織，及負責製造血小板和紅、白血球的幹細胞。

動脈

身體小百科

我們美好的骨頭
- 皮質骨（又稱緻密骨），是人體第二堅硬的物質，僅次於牙釉質（即琺瑯質）。
- 身體骨頭約 80% 的重量來自緻密的皮質骨。
- 骨小樑重只占 20%，表面積卻有十倍寬闊。
- 骨頭強度達等重鋼筋的 5 倍。
- 骨髓見於海綿骨內和長骨中央空隙（骨髓腔）；紅骨髓製造血球，黃骨髓儲存脂肪。
- 具有「雙向關節」的人，韌帶比較鬆弛，因此關節運動幅度超乎常態。

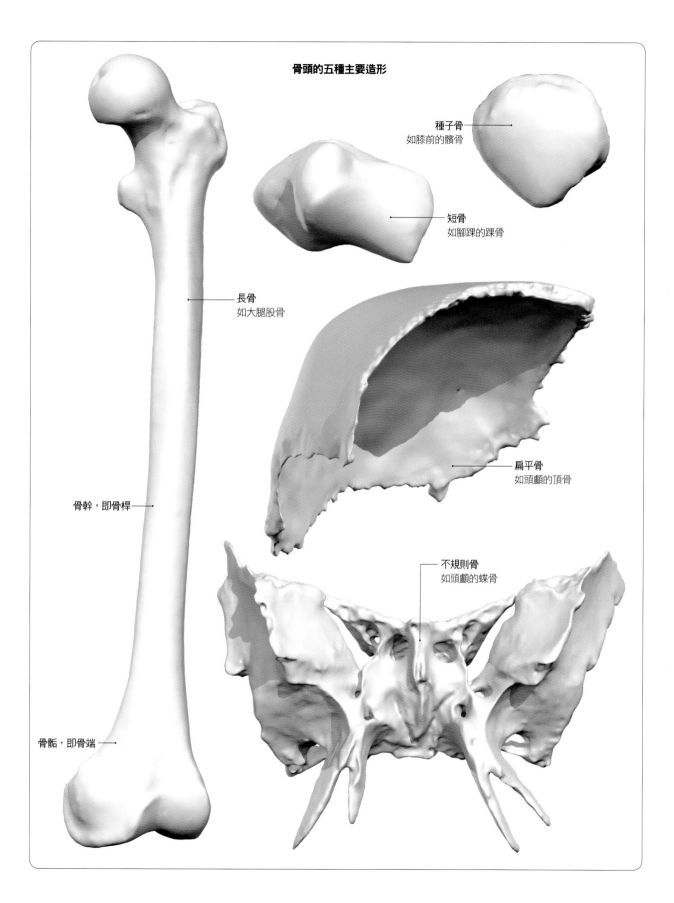

骨頭的五種主要造形

種子骨
如膝前的髕骨

短骨
如腳踝的踝骨

長骨
如大腿股骨

扁平骨
如頭顱的頂骨

骨幹，即骨桿

不規則骨
如頭顱的蝶骨

骨骺，即骨端

關節

兩塊骨頭相接組成關節。有些關節是固定的,意思是骨頭
鎖定在一起。不過,你身體的關節大多數都可以自由運動。
每處關節都有一定的運動幅度,實際要看相關骨頭的形狀,
還有骨頭的相連方式而定。

活動關節

活動關節的骨頭表面外覆滑溜軟骨,並以滑液潤滑。
關節以韌帶連在一起,韌帶則以一條條結締組織構
成。有些關節裡還有負責穩定的韌帶,這樣關節彎曲
時,骨頭才不會前後或左右移動,膝關節就是一例。

樞軸關節

如肘部以橈骨和尺骨共
組的關節,這處關節讓
一塊骨頭能在另一塊骨
頭內環轉。肘關節讓前
臂能旋前(外旋)、旋
後(內旋),因此你才
能翻掌朝上或朝下;而
兩塊上頸椎之間的關
節,則讓你能左右轉
頭。

球窩關節

如髖關節。這是以一塊骨頭的球狀表面,
配上安入另一塊骨頭的杯狀窩穴所組成的
關節。這類關節的運動幅度最大。肩部的
球窩關節屬於一種多軸關節,運動幅度最
為寬廣。這讓你的手臂能在不只兩個平面
上移動:除上下運動之外也能前後移動,
還能在體側做若干旋轉動作。

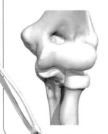

髁狀關節(橢球關節)

這是以一塊骨頭的卵形
面,配上安入另一塊骨
頭的卵形杯窩所組成的
關節。你的手腕就是一
例,腕部能朝前朝後或
向左右移動,不過旋轉
幅度有限。

鞍狀關節

如大拇指,以兩個U形骨頭表面組
成,彼此垂直相連,能前後、左右搖
動。這類關節能做有限的旋轉動作。

屈戌關節

如踝部,這是以一
塊骨頭的圓柱面,
安在另一塊骨頭曲
面內部,且只能在
一個平面上運動的
關節。你的肘、膝
部都是一種修飾過
的屈戌關節,旋轉
動作也都很有限。

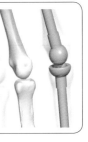

滑動關節

當兩片幾近平坦的關節面相互滑動,
這就組成滑動關節。手、腳和脊柱的
部分關節都屬於這類;這類關節受強
健韌帶約束,運動幅度有限。

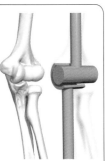

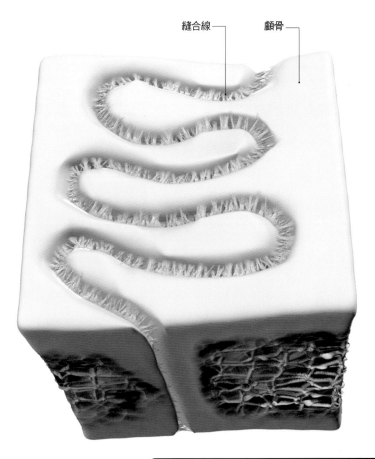

縫合線　顱骨

固定式關節

固定式關節（上圖）的骨緣接合在一起，還可能相互鎖死。這類關節是設計用來讓力量在骨頭之間輕鬆傳導，從而降低受損風險。固定式關節見於顱骨之間，稱為縫合關節。

囟門

顱骨含八塊骨頭，顱內裝納腦部。胎兒直到出生之際，這些骨頭都以一條條纖維狀組織相連，這類組織很柔韌，因此分娩時頭顱才能夠扭曲。最大的纖維狀部位稱為囟門，它會相當程度延續到五歲，直到腦部停止增長為止。

運動幅度有限的關節

有些關節的骨質表面由一條韌帶束縛在一起，運動幅度有限，如腕部下尺骨和下橈骨間那處就是一例。這類關節稱為韌帶聯合關節。

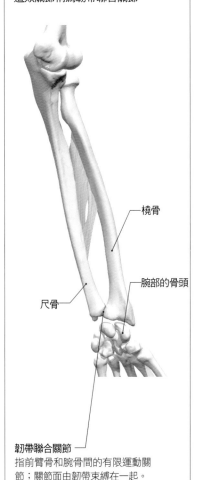

橈骨

腕部的骨頭

尺骨

韌帶聯合關節
指前臂骨和腕骨間的有限運動關節；關節面由韌帶束縛在一起。

顳顎關節

這是一種屈戌暨滑動複合式關節，顳顎關節是顎骨（下顎）和顳骨相觸的位置，分別在顱骨兩側。這處關節含一軟骨盤，讓骨頭在咀嚼、研磨時能左右滑動，並前後伸縮。

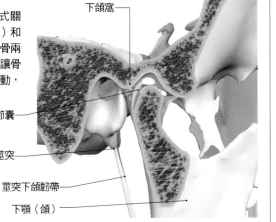

下頜窩

關節囊

莖突

莖突下頜韌帶

下顎（頜）

身體小百科

關節動作

· 你的手部運動是細膩或強健，取決於手上 29 塊骨頭和所屬各種關節的協調作用。
· 關節在骨骼肌施力時才運動。
· 關節受力拉開時稱為脫臼或脫位。
· 具有「雙向關節」的人，關節比較不穩固，很容易脫臼。
· 肩關節是人體運動幅度最大的關節。這裡經常位於接觸式運動傷害的衝擊帶，因此動輒受傷。

頭顱

構成你頭顱的骨頭，除了下顎骨之外，全都在若干定點牢牢密接鎖在一起，這些定點稱為縫合關節。顱內空間稱為顱穹，負責支持、裝納腦部，而你的面骨則讓負責產生臉部表情和講話、咀嚼的肌肉得以附著。

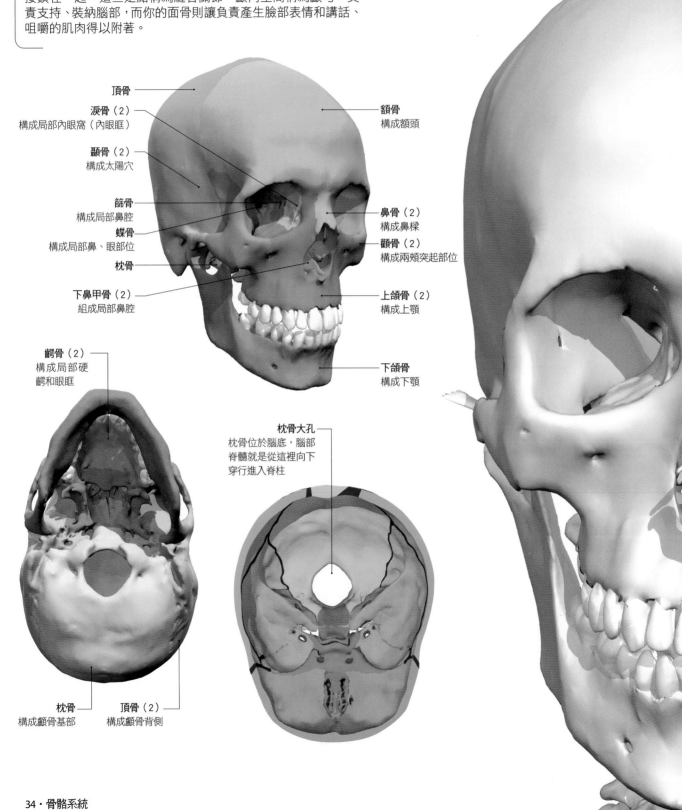

頂骨

淚骨（2）
構成局部內眼窩（內眼眶）

顳骨（2）
構成太陽穴

篩骨
構成局部鼻腔

蝶骨
構成局部鼻、眼部位

枕骨

下鼻甲骨（2）
組成局部鼻腔

額骨
構成額頭

鼻骨（2）
構成鼻樑

顴骨（2）
構成兩頰突起部位

上頜骨（2）
構成上顎

下頜骨
構成下顎

齶骨（2）
構成局部硬齶和眼眶

枕骨大孔
枕骨位於腦底，腦部脊髓就是從這裡向下穿行進入脊柱

枕骨
構成顱骨基部

頂骨（2）
構成顱骨背側

副鼻竇

鼻子周邊的骨頭計有八個充滿空氣的腔室，能幫忙減輕你的頭顱重量，改善發聲共鳴，臉部挨打時還能吸收毆擊力量，發揮安全「緩衝區」的防護功能。每處鼻竇都襯有薄膜，能分泌一種稀薄的水狀黏液。這能捕捉空中微粒，如花粉或塵埃，讓它們循著通往鼻子的狹窄管道排放。

副鼻竇共有

- 兩個額骨竇，位於額內，
- 兩個上頜竇，兩邊頰骨各一，
- 兩個篩竇，位於眼眶間小骨內，
- 兩個蝶竇，位於展翅狀蝶骨裡面。蝶骨在你鼻子後方的鼻腔頂部（未呈現）

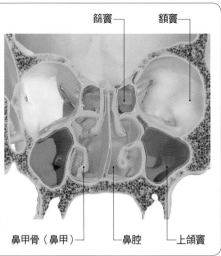

篩竇　　　額竇

鼻甲骨（鼻甲）　　鼻腔　　上頜竇

顱骨的固定式關節

鼻竇腔
位於鼻子周圍的骨頭裡面

下頜
顱骨唯一可以移動的關節

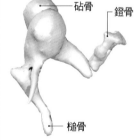

砧骨　　鐙骨

槌骨

中耳的聽小骨

中耳含三塊聽小骨：槌骨（鎚子）、砧骨（砧板）和鐙骨（馬鐙），都以形狀命名。內耳裝滿液體，能幫忙維持平衡，聽小骨能放大聲音振動，接著就傳導通過一處覆有薄膜的開口，稱為卵圓窗。

身體小百科

排骨大隊

- 你的頭顱有 22 塊骨頭，除了下顎骨外，全都以骨縫接合。
- 顱穹能保護你的腦袋，共有 8 塊骨頭：額骨、兩塊頂骨、枕骨、蝶骨、兩塊顳骨和一塊篩骨。
- 你的臉是以 14 塊骨頭組成：兩塊鼻骨、兩塊淚骨、兩塊顴骨、兩塊上頜骨、兩塊顎骨、兩塊下鼻甲骨，還有犁骨和舌骨（見 P.88-89，舌頭段落）。
- 你的頭顱兩邊中耳內還分別有三塊小骨頭（聽小骨）。
- 你擤鼻子時，多數分泌物都來自你的八個鼻竇。

脊柱

脊柱是以一群小骨構成的柱子，負責支撐頭部和上半身。脊柱含 33 塊骨頭，稱為脊椎骨，負責圈繞保護你的脊髓（見 P. 72）。

脊椎骨的巧妙形狀讓你能夠彎曲、扭轉背部。脊椎骨之間的關節可容前俯運動，各脊椎骨的背側都有細小突起，讓你不會後仰過度。

脊柱的構造

脊椎以一連串滑動關節互鎖成形，因此脊骨才能靈活彎曲。脊椎排列成「S」形，含四處和緩的弧線，各自組成不同的脊椎骨群（頸椎、胸椎、腰椎和薦椎）。這種 S 形能提供強度和穩定性。

每塊脊椎骨都含一承重部位，也就是椎體，椎體附著一圈骨頭，稱為椎弓（神經弧）。這是供脊髓穿行的中心孔（稱為椎孔）。椎弓有好幾處骨質突起，含兩處橫突和一處棘突，供韌帶和肌肉附著。各脊椎骨之間都有個軟骨椎間盤，盤心呈凝膠狀，用來吸收緩衝撞擊。

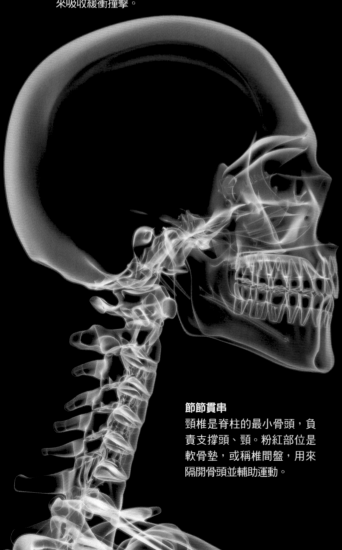

節節貫串

頸椎是脊柱的最小骨頭，負責支撐頭、頸。粉紅部位是軟骨墊，或稱椎間盤，用來隔開骨頭並輔助運動。

頸部

這處部位有七節脊椎骨，一般以 C1 到 C7 來代表。前兩節分別稱為寰椎和樞椎，見對頁。

胸部

這個身體部位的脊椎骨以韌帶和肌肉連接肋骨，組成護體胸廓。肋骨骨端納入脊椎骨側邊凹穴。胸椎有十二節，從上到下分以 T1 到 T12 表示。

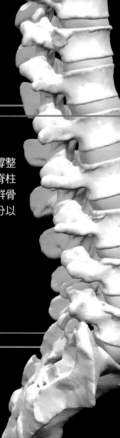

腰部

腰椎骨必須穩固、支撐整個上半身的重量，是脊柱中最大也最強固的一群骨頭。腰椎共有五節，分以 L1 到 L5 表示。

薦部

這個部位由兩群癒合的骨頭組成，兩群間的運動幅度有限。脊髓底部的神經從薦椎開孔穿過。

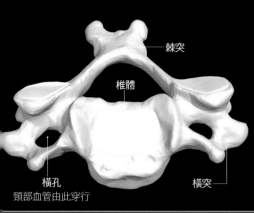

頸椎

脊柱中最小、最輕的骨頭。前兩節稱為樞椎和寰椎，其骨形可容脊髓由此伸出，見右頁。前六節頸椎骨的橫突也具開孔，供頸部動、靜脈穿行。圖為 C6，這是塊典型的頸椎骨。

- 棘突
- 椎體
- 橫孔
  頸部血管由此穿行
- 橫突

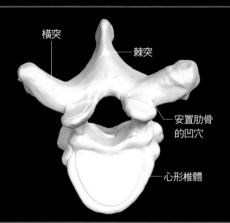

胸椎

這群脊椎骨的椎體兩側都有小凹穴，橫突也具凹穴並與一對肋骨相連。圖為 T6，這是塊典型的胸椎骨。

- 橫突
- 棘突
- 安置肋骨的凹穴
- 心形椎體

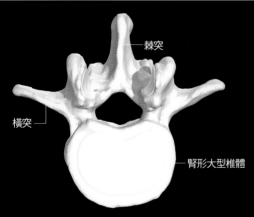

腰椎

圖為 L5，這是塊典型的腰椎骨。腰椎骨支撐較大重量，因此椎體比頸椎骨或胸椎骨都更大，也更強固。

- 棘突
- 橫突
- 腎形大型椎體

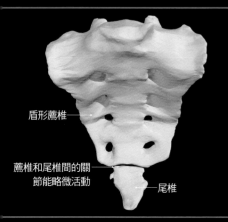

薦椎和尾椎

薦椎共有五節，出生時原本分開，到成人期則癒合成堅固、剛硬的骨塊並供髖骨固著。再往下是尾椎，共有四節，不過在出生後幾年間便癒合。尾椎提供臀部肌群和骨盆底附著的定點。

- 盾形薦椎
- 薦椎和尾椎間的關節能略微活動
- 尾椎

頭部運動

前兩節頸椎骨是寰椎和樞椎，位於頭顱正下方並彼此互鎖，讓你能左右轉頭並點頭。這兩節骨頭和頸椎的其他骨塊形狀不同，由頸部肌肉和韌帶支撐。由於脊髓從腦部伸出的這一段最粗，因此其中心孔也比較大。

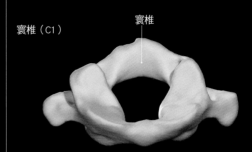

寰椎（C1）

寰椎

第一節頸椎骨（C1）稱為寰椎。寰椎沒有椎體，只形成一圈骨環，用來支撐頭顱。頭顱由寰椎頂在脊柱上方且能前後點頭。

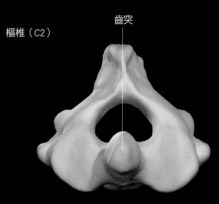

樞椎（C2）

齒突

第二節頸椎骨（C2）稱為樞椎。樞椎的椎體小而闊，椎體具一小型突起（齒突），頂住 C1 的椎孔後壁，組成一樞軸並可容左右運動。這處關節由橫向韌帶來固定位置。

身體小百科

你身體的支柱

- 你的脊柱以 33 節脊椎骨組成。這些骨頭組成 26 處可動關節，其餘屬於固定式。
- 頸部有 7 節頸椎骨。
- 胸部有 12 節胸椎骨。
- 脊柱下段腰部含 5 節腰椎骨。
- 薦椎含癒合的 5 節脊椎骨。
- 尾椎通常都含癒合的 4 節脊椎骨，然而有些人只有 3 節，有些人則有 5 節。

胸廓

你的胸廓構成的部位稱為中軸骨骼。除了支撐你的上半身之外，胸廓還圈繞你的胸腔，保護胸內的重要器官（心、肺和大型血管）；胸廓還涉及呼吸機制（見 P. 90-95）並扮演要角。較低的幾對肋骨保護你上腹腔內的器官（肝、脾和胃）。

胸腔和腹腔由一片薄層肌肉組織隔開，稱為橫膈膜（見 P. 95）。

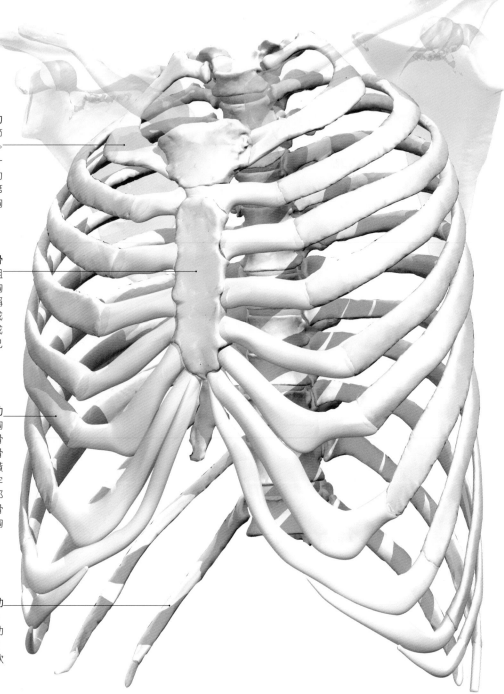

第一肋

一根扁平短骨，肋頭和肋結節與第一胸椎骨（T1）組成關節。肋頸有肋橫韌帶附著，把第一肋和 T1 牢牢連在一起。第一肋前端附著於第一肋軟骨（即第一軟肋），由此再與胸骨的胸骨柄相連。

胸骨

位於胸廓正面，由三塊骨頭組成：上段的胸骨柄、中段的胸骨體和下段的劍狀軟骨（也稱為劍胸骨或劍突）。劍突的成分在童年階段仍屬軟骨，到成人階段才轉為骨頭（也就是已「骨化」）。

第六肋

典型的肋骨。肋頭上連第五胸椎骨（T5），下連第六胸椎骨（T6），同時還與兩塊胸椎骨間的椎間盤相觸。肋頸有肋橫韌帶附著，把第六肋和脊柱牢牢連在一起。肋骨幹在肋角部位開始向前彎曲、扭轉。肋骨前緣經由第六肋軟骨附著於胸骨。

第十二肋

一條很特別的肋骨。具肋頭，卻無肋頸、肋結節或肋角。肋頭附著於第十二胸椎骨（T12）中段，游離先端（浮肋）具軟骨護套。

肋骨

上方七對肋骨各與一節胸椎骨直接相連，並藉肋軟骨條與胸骨相連。這些都稱為真肋。第一對肋骨和胸骨柄相連；第二對和胸骨柄與胸骨間的凹口相連；第三到第六對都和胸骨體相連；第七對則和胸骨體與劍突間的凹口相連。第八、第九和第十對肋骨也在前端與肋軟骨相連，不過這種軟骨並不與胸骨相連，而是與上方肋骨相連。這群肋骨稱為假肋。

第十一和第十二對肋骨的前端全無連結，因此稱為浮肋。

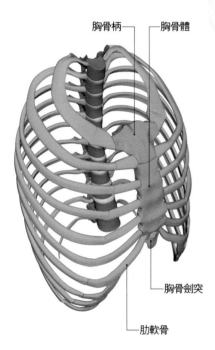

胸骨柄 ── 胸骨體

胸骨劍突

肋軟骨

身體小百科

肋骨大小事

· 多數人具有 12 對肋骨。
· 每 20 人約有一人多了第 13 對肋骨，不過每 20 人約有一人只有 11 對。
· 有些人的劍突一分為二（分叉），還有些人的則具一開孔。這些特徵都得自遺傳，也都沒有什麼影響。
· 以往很流行用緊身束腹來壓擠浮肋，期能縮小腰圍。就連今天做美容外科時，偶爾也把浮肋切除以縮小腰圍。

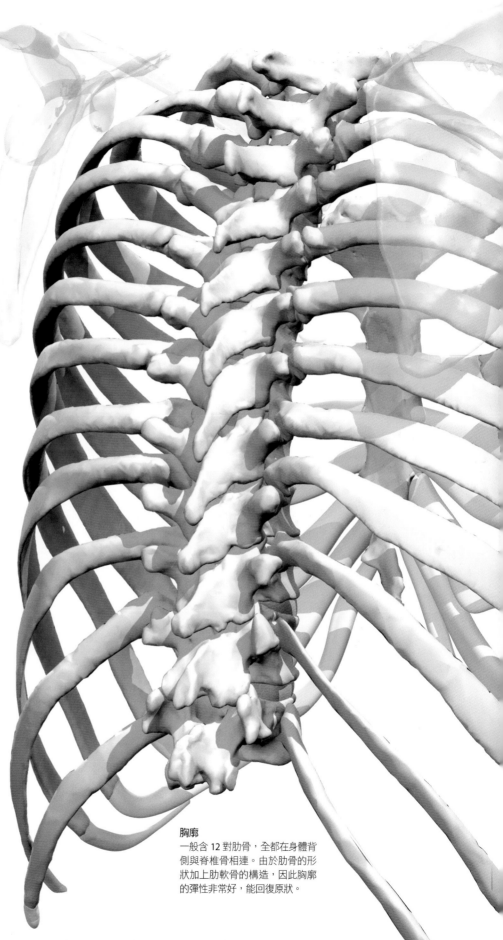

胸廓

一般含 12 對肋骨，全都在身體背側與脊椎骨相連。由於肋骨的形狀加上肋軟骨的構造，因此胸廓的彈性非常好，能回復原狀。

肩膀和上肢

上肢構成你的局部附肢骨骼，並分從兩側藉由你的胸帶附著於中軸骨骼。胸帶就是你的鎖骨和肩胛骨構成的那圈骨頭。

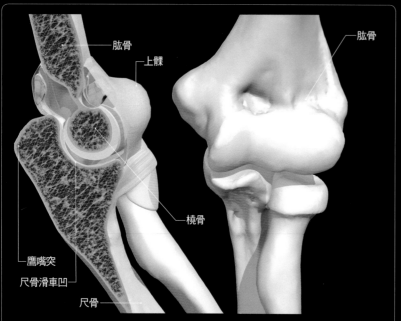

肱骨
上髁
肱骨
橈骨
鷹嘴突
尺骨滑車凹
尺骨

肘關節

肘是肱骨、尺骨和橈骨共同組成的一處屈戍關節。肘關節能做兩種運動：伸直、屈區（上、下）和外旋、內旋（左、右）。

橈骨

從肘向腕伸展，位於拇指那側（即前臂外側）。頭端為一圓盤，上與肱骨組成關節，內則與尺骨組成關節。橈骨在腕部與舟狀骨和月骨共組一關節。

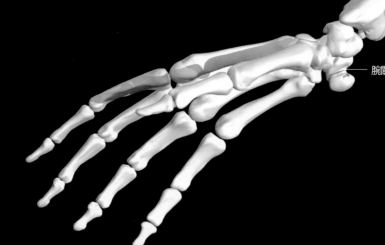

腕關節

尺骨

從肘延伸到腕，位於小指那側（即前臂內側），上段末端具勾狀突起，稱為滑車凹。滑車凹與肱骨組成一屈戍關節。滑車凹背側就是肘尖。滑車凹旁邊是橈骨凹，和橈骨頭端組成一樞軸關節（見 P.32）。尺骨和腕部的間隙裡面塞了一片三角形軟骨盤。

身體小百科

運動

· 肩膀的運動幅度大於身體其他任何關節。

· 肩膀號稱多軸關節，意思是你的手臂能沿著不只兩個平面移動。肩膀能上下、左右、前後移動，還能旋轉繞圈。

· 你的臂展一般都與身高相仿。

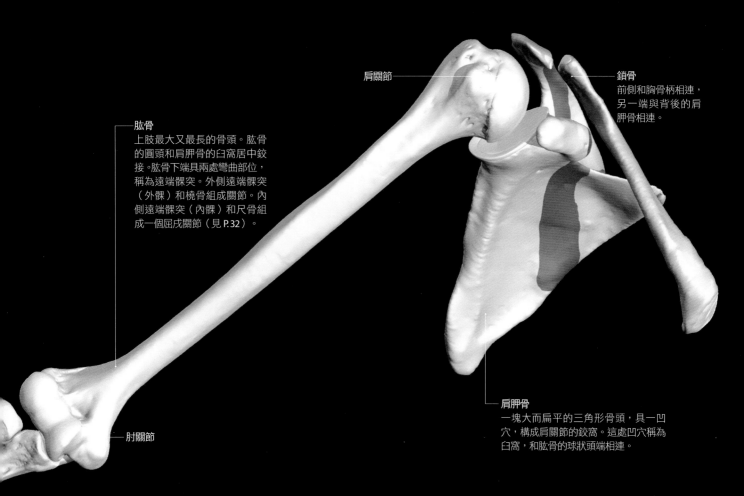

肩關節 ——

鎖骨
前側和胸骨柄相連，
另一端與背後的肩
胛骨相連。

肱骨
上肢最大又最長的骨頭。肱骨
的圓頭和肩胛骨的臼窩居中鉸
接。肱骨下端具兩處彎曲部位，
稱為遠端髁突。外側遠端髁突
（外髁）和橈骨組成關節。內
側遠端髁突（內髁）和尺骨組
成一個屈戌關節（見 P.32）。

肘關節 ——

肩胛骨
一塊大而扁平的三角形骨頭，具一凹
穴，構成肩關節的鉸窩。這處凹穴稱為
臼窩，和肱骨的球狀頭端相連。

肩關節
肩關節又稱肩肱關節，是肱骨頭端和
肩胛骨臼窩鉸接組成的球窩關節。就
像其他可活動關節，肩關節也由強健
的韌帶束縛在一起，表面還襯覆能分
泌潤滑液的滑液膜。

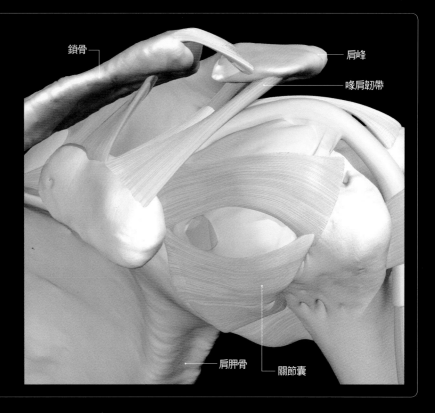

鎖骨 ——

—— 肩峰

—— 喙肩韌帶

肩胛骨 ——

—— 關節囊

骨盆和下肢

下肢構成你的局部附肢骨骼。下肢經由骨盆帶附著於中軸骨骼，骨盆帶是以背側的薦椎和尾椎加上兩側的臀骨組成的一圈骨頭。

臀關節

以股骨的頭端（球）和髖骨的髖臼（窩）相連組成的球窩關節。臀關節具有龐大的關節囊，包覆股骨的頭頸部位，把關節球固定在窩內，因此這處關節極為強固。髖臼含一圈纖維狀軟骨，稱為髖臼脣，軟骨囊加厚構成三條韌帶，另有幾條韌帶橫跨關節來提增穩定性。
臀部的運動幅度很大：能屈伸、內收、外展和轉動。

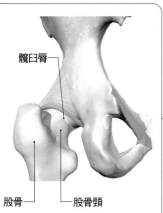

髖臼脣
股骨
股骨頸

膝關節

膝蓋是一處屈戌關節，由小腿脛骨上端、大腿股骨下端和前方膝蓋髕骨相連組成。膝關節由纖維狀組織條帶束縛在一起，包括兩側的副韌帶，加上關節本身內部的兩條十字韌帶。這些韌帶負責維持穩固並容許關節彎曲，同時還能制止骨頭各端前後、左右過度移動。
膝蓋襯覆一層滑液膜，能分泌具緩衝功能的黏稠滑液。

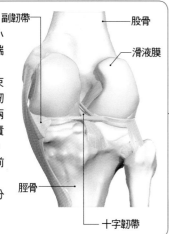

副韌帶
股骨
滑液膜
脛骨
十字韌帶

踝關節

又稱為距骨小腿關節，這是一處屈戌關節，以脛骨、腓骨和距骨的接合點共同組成。主要的承重接合點是脛骨遠端和距骨滑車之間的脛距關節。
踝關節可容有限度的背屈和蹠屈（踝部伸展）。
踝關節囊前、後側很薄，內、外側部位則很厚，並由粗短韌帶強固。踝韌帶能防止踝骨左右滑動。

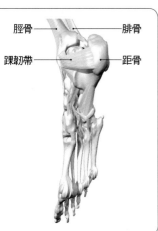

脛骨
腓骨
踝韌帶
距骨

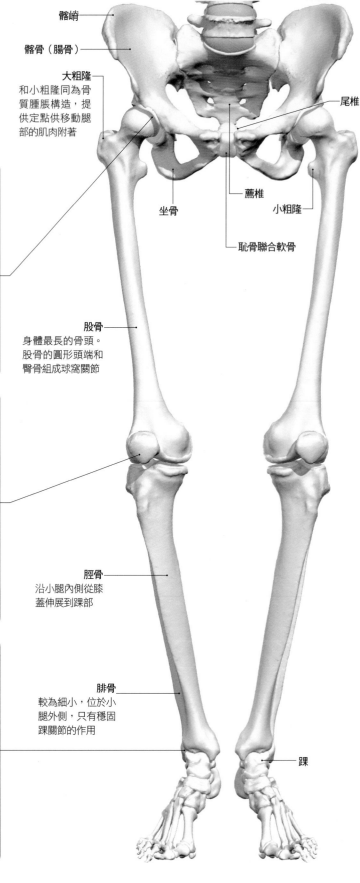

髂嵴
髂骨（腸骨）
大粗隆
和小粗隆同為骨質腫脹構造，提供定點供移動腿部的肌肉附著
尾椎
薦椎
小粗隆
坐骨
恥骨聯合軟骨

股骨
身體最長的骨頭。股骨的圓形頭端和臀骨組成球窩關節

脛骨
沿小腿內側從膝蓋伸展到踝部

腓骨
較為細小，位於小腿外側，只有穩固踝關節的作用

踝

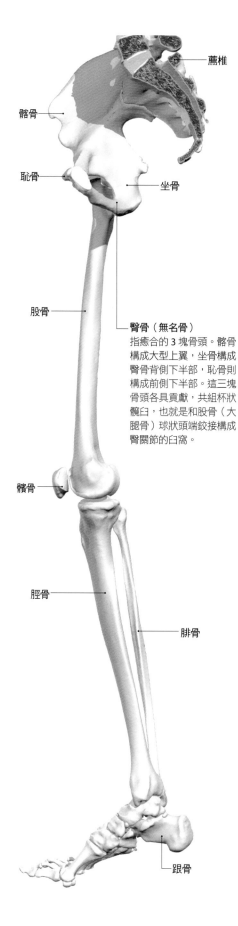

薦椎

髂骨

恥骨

坐骨

股骨

臀骨（無名骨）
指癒合的 3 塊骨頭。髂骨
構成大型上翼，坐骨構成
臀骨背側下半部，恥骨則
構成前側下半部。這三塊
骨頭各具貢獻，共組杯狀
髖臼，也就是和股骨（大
腿骨）球狀頭端鉸接構成
臀關節的臼窩。

髕骨

脛骨

腓骨

跟骨

女性的骨盆

骨盆由臀骨、薦椎和尾椎構成，下肢經由骨盆與中軸骨骼相連。恥骨分成左右
兩部，中間是一塊軟骨盤，稱為恥骨聯合軟骨。薦椎和髂骨接合處關節只能做
有限運動。骨盆的作用在保護膀胱、部分生殖器官和部分大腸。骨盆構成女性
產道的固定軸。男性骨盆（如對頁所示）和女性骨盆外形有好幾處不同。

最明顯的是，女性骨盆比較輕巧、寬闊，又比較淺，而且骨盆的出、入口也都
較大、較圓。這種骨盆的造形比較適於分娩，方便嬰兒通過。此外，兩邊髂骨
都沒那麼傾斜，因此從正面摸到的骨質隆起（髂前上棘）相隔間距較大。

女性的薦椎較短、較寬，弧度也比較和緩，而且尾椎的柔軟度較高。臀部臼窩
較小，比較向正面偏斜。女性的恥骨角比較寬闊，男性的比較尖窄。

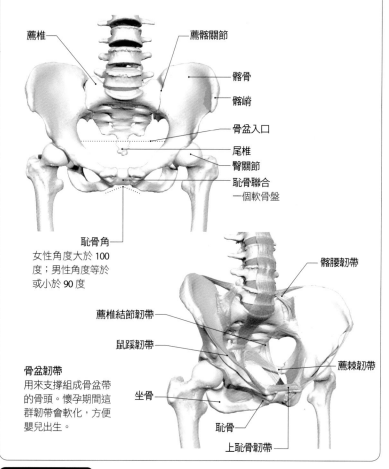

薦椎

薦髂關節

髂骨

髂嵴

骨盆入口

尾椎

臀關節

恥骨聯合
一個軟骨盤

恥骨角
女性角度大於 100
度；男性角度等於
或小於 90 度

髂腰韌帶

薦椎結節韌帶

鼠蹊韌帶

薦棘韌帶

坐骨

恥骨

上恥骨韌帶

骨盆韌帶
用來支撐組成骨盆帶
的骨頭。懷孕期間這
群韌帶會軟化，方便
嬰兒出生。

身體小百科

走路要當心

· 女性的骨盆較寬，造成脛骨和大腿骨夾角較大，膝蓋受壓較大，因此女性膝部韌帶
比男性更容易受傷。

· 髕骨具保護作用，能分散正面衝擊以免膝關節受傷。

· 臀部球窩關節的運動幅度非常寬廣，不過只有受過訓練的運動員和舞者，肌肉和韌
帶才有充分柔軟度，能達到最大的運動幅度。

· 當你的腳轉動超過踝韌帶能夠耐受的程度，腳踝就要扭傷，通常是由於速度或方向
突然改變所致。最常扭傷的是側韌帶。

· 以每小時 1 公里散步，兩邊臀關節荷重會提增達體重的 280%。若以每小時 4 公里走
路，臀關節荷重便提增達體重的 480%。慢跑時荷重會提增達 550%。絆到腳時，荷
重會提增高達 870%。

手和腳

手、腳的許多骨頭分為三群：一群組成主關節（腕或踝關節）；一群構成手、腳扁平部位（手掌或腳底）；還有一群構成手指和腳趾。

左手正視圖

第一腕掌關節
是人體唯一的鞍狀關節。這處關節由第一掌骨和拇指第一指骨組成。有了這處關節，拇指才能與其他手指對握或分開。

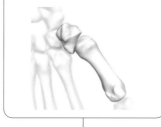

手
一隻手有 27 塊骨頭：腕部 8 塊腕骨、手掌5 塊掌骨，還有從拇指到小指並 14 塊指骨。

能對握的拇指
腕掌關節讓拇指能夠對握，因此人類才能抓握物品，這在人類演化方面非常重要。

腕骨
組成滑動關節，讓手腕具有相當大的運動幅度。手腕含 8 塊骨頭，排成兩列。

橈骨
尺骨

豌豆骨
本圖中位於三角骨後面

三角骨
鉤骨
頭狀骨

月骨
舟狀骨
小多角骨
大多角骨

掌骨

近節指骨
第一節指骨

中節指骨
第二節指骨

遠節指骨
第三節指骨

右足俯視圖

趾骨

跗骨間關節

蹠骨

內楔骨

中楔骨

跗蹠關節

外楔骨

舟骨

骰骨

距骨

跟骨

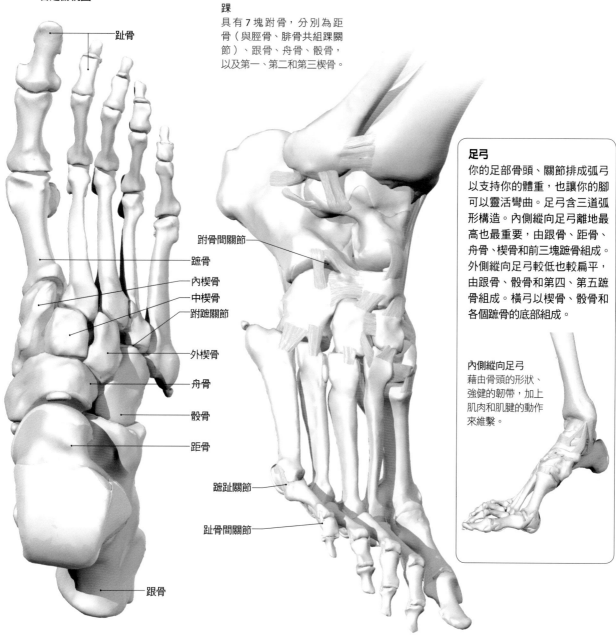

踝
具有 7 塊跗骨，分別為距骨（與脛骨、腓骨共組踝關節）、跟骨、舟骨、骰骨，以及第一、第二和第三楔骨。

蹠趾關節

趾骨間關節

足弓
你的足部骨頭、關節排成弧弓以支持你的體重，也讓你的腳可以靈活彎曲。足弓含三道弧形構造。內側縱向足弓離地最高也最重要，由跟骨、距骨、舟骨、楔骨和前三塊蹠骨組成。外側縱向足弓較低也較扁平，由跟骨、骰骨和第四、第五蹠骨組成。橫弓以楔骨、骰骨和各個蹠骨的底部組成。

內側縱向足弓
藉由骨頭的形狀、強健的韌帶，加上肌肉和肌腱的動作來維繫。

腳
你的一隻腳含有 26 塊骨頭：腳踝 7 塊跗骨。足部主體 5 塊蹠骨，腳趾則有 14 塊趾骨。

足部關節
分為四組。前兩組是跗骨間關節和跗蹠關節，都屬滑動關節，可容有限滑動和扭轉運動。另兩組是蹠趾關節和趾骨間關節，都屬可容屈區和伸展的橢球關節。

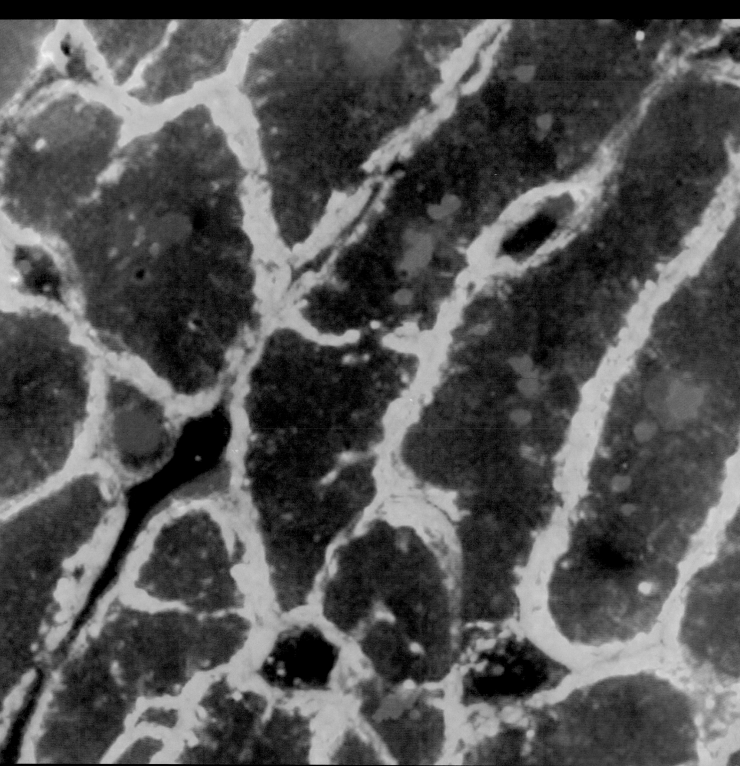

至關緊要的心肌

心肌只見於心臟，這類肌肉不由意識
控制。心肌在胎兒發展相當早期就開
始運作，能做快速節奏收縮，把血液
泵送到全身各處。

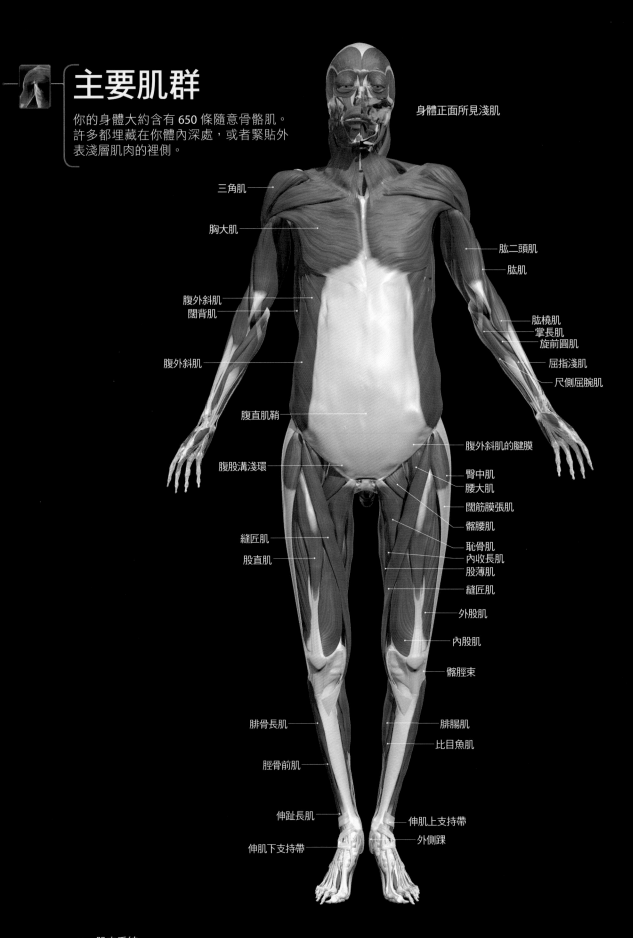

主要肌群

你的身體大約含有 650 條隨意骨骼肌。
許多都埋藏在你體內深處，或者緊貼外
表淺層肌肉的裡側。

身體正面所見淺肌

三角肌

胸大肌

肱二頭肌

肱肌

腹外斜肌
闊背肌

肱橈肌
掌長肌
旋前圓肌

腹外斜肌

屈指淺肌

尺側屈腕肌

腹直肌鞘

腹外斜肌的腱膜

腹股溝淺環

臀中肌
腰大肌

闊筋膜張肌

髂腰肌

恥骨肌

縫匠肌

內收長肌

股直肌

股薄肌

縫匠肌

外股肌

內股肌

髂脛束

腓骨長肌

腓腸肌

比目魚肌

脛骨前肌

伸趾長肌

伸肌上支持帶

外側踝

伸肌下支持帶

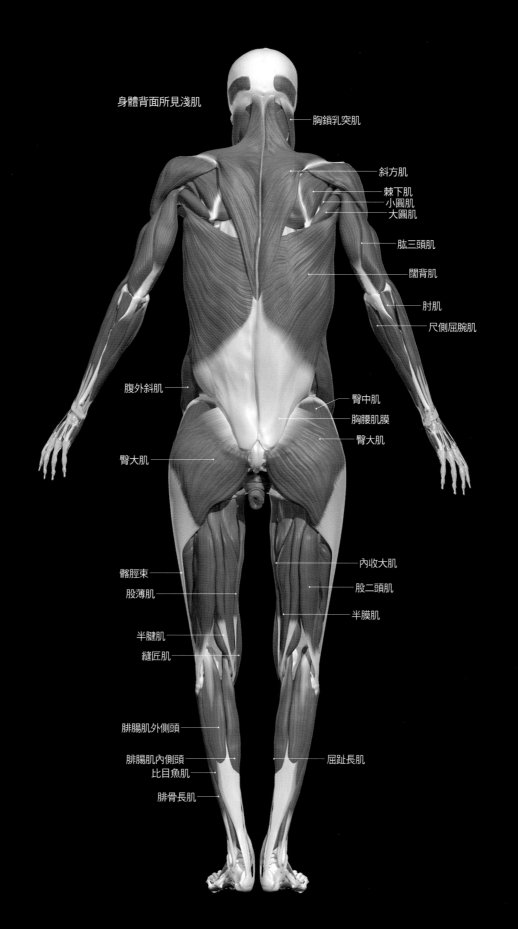

身體背面所見淺肌

胸鎖乳突肌

斜方肌

棘下肌
小圓肌
大圓肌

肱三頭肌

闊背肌

肘肌

尺側屈腕肌

腹外斜肌

臀中肌

胸腰肌膜

臀大肌

臀大肌

內收大肌

髂脛束

股二頭肌

股薄肌

半膜肌

半腱肌

縫匠肌

腓腸肌外側頭

腓腸肌內側頭

屈趾長肌

比目魚肌

腓骨長肌

肌肉組織

沒有肌肉你就沒辦法運動。肌肉細胞是設計用來收縮並運動你的身體部位。肌肉分三大類型，如下所述。

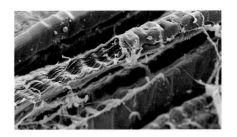

骨骼肌

以顯微鏡觀察骨骼肌的細胞能見到條紋，因此也稱為橫紋肌。這類細胞有多個細胞核，位於細胞周邊。這類肌肉附著於你的骨骼一處或多處定點，多數都能由你隨意控制，不過部分仍屬自主控制，比如胸壁處的肌群，你呼吸時，胸腔會自動擴大、收縮。

平滑肌

平滑肌是不具橫紋的不隨意肌，聽從你的神經系統規範，自主執行作業，比如舒張、收縮動脈。平滑肌的細胞形狀就像紡錘，兩端收窄幾乎縮成一點，而且只有一個細胞核，位於細胞中央。

心肌

具橫紋卻屬不隨意肌，心肌具分叉纖維，其用意是要迅速、有效傳送電信號。這能確保心臟規律搏動。每顆細胞中央都有一個或兩個核。

身體小百科

肌肉大小事

· 你的身體至少含 650 條骨骼肌，確切數目要看是否將特定肌肉當成單一肌肉，或者隸屬比較複雜肌肉的一環而定。
· 你多數肌肉都有個一模一樣的「孿生肌」，位於身體的另一側。
· 肌肉通常占體重的 30-50%，實際就要看你的健康程度和體脂肪儲備量而定。
· 平滑肌不具橫紋，這是由於平滑肌的肌動蛋白和肌凝蛋白絲排列樣式，和橫紋肌細胞的排法不同。
· 隨意肌有時會自主收縮，這時就可能造成抽筋。
· 肌肉的收縮、鬆弛速度相當快，因此你可以用手指在桌面每秒多次敲擊。
· 你的肌肉總是保持略微收縮來抵銷重力作用。

骨骼肌解剖構造

上圖顯示一條肌纖維（肌肉細胞）從肌纖維束抽出來。胞外有好幾個細胞核，周邊則以結締組織鞘包覆。這種護鞘具電性絕緣特性，各肌肉細胞彼此隔絕，每條肌纖維都能分別收縮，因此肌肉的收縮強度和範圍才得完全掌控。所有結締組織鞘全部在肌肉兩端會合並形成肌腱。一條肌纖維含眾多肌原纖維——這是一種圓筒狀收縮性蛋白束。每條肌原纖維都含兩類不同的收縮性蛋白質，稱為肌絲，兩類彼此重疊列置。粗、細肌絲分含不同蛋白質，較粗的含肌凝蛋白，較細的則含肌動蛋白。含肌動蛋白和肌凝蛋白的肌絲交錯互鎖，讓肌原纖維帶上條紋，也就是具橫紋的外觀。

肌肉收縮和鬆弛

當肌肉細胞（肌纖維）燃燒葡萄糖或脂肪酸，便釋出熱和能量。這份能量可以用來驅使肌動蛋白和肌凝蛋白絲產生運動，促使兩種纖維交互滑動，從而縮短細胞。這是由神經系統觸發的一種過程，運動神經發出運動脈衝並讓鈣質釋出，大量鈣質流入肌肉細胞，觸發肌原纖維收縮。這會縮短肌肉，移動該肌肉所附著的身體部位。當肌動蛋白和肌凝蛋白絲再次滑開，肌肉也隨之鬆弛。

配對工作的肌肉

肌肉收縮時只拉不推,因此肌肉必須配對工作,這樣當一條肌肉收縮,關節就能朝一個方向移動,而另一條肌肉收縮時,關節便往反方向移動。舉例來說,二頭肌收縮時肘部屈區,三頭肌收縮時肘部又向外伸直,同時二頭肌也隨之鬆弛。

有種作用稱為等張收縮,好比拾起重物時,一條肌肉縮短並發出穩定拉力。舉例來說,舉起重物離地之時,肌肉保持相等長度。那條肌肉並不收縮,只發出強大拉力,或是張力。

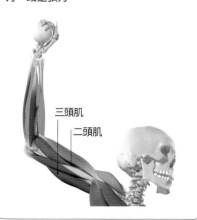

三頭肌
二頭肌

韌帶和肌腱

骨骼由韌帶接合在一起,而讓骨骼肌附著上骨頭的則是肌腱。肌腱的成分是結締組織,當覆蓋於各個肌肉細胞(見 P. 20)外部的膠原纖維結合在一起,便形成肌腱。肌腱的膠原纖維直接穿過外層骨膜,牢牢嵌入骨頭外層皮質裡面。肌腱附著非常牢固,不容易拉開。肌腱很有彈性,作用就像彈簧,能幫忙緩和運動時發出的力量。

人體最粗大、強健的肌腱是跟腱(阿基里斯腱)。跟腱把小腿後肌和腳跟骨連接在一起。當短跑衝刺時,跟腱能支撐十倍以上體重。

跟腱

骨骼肌類別

人體大半肌肉都屬骨骼肌，這種肌肉連接骨頭並能收縮，變得粗短，於是身體也才能移動。骨骼肌可以外形來分類。各類都含三大區段：中間部分的肌腹、肌腱起始端（也就是和骨頭相連那端）和另一端的肌腱附著終端，也就是肌腱與另一件骨頭、韌帶或相仿結構（如對頁所示腹部中線的纖維狀白線）相連之處。

輪匝肌
也稱為環肌，作用就像括約肌，能收縮、鬆弛來開啟、閉鎖某一部位。例如眼睛周邊的眼輪匝肌。

三角肌
具扇狀列置的纖維，會合到一共通附著點，從而產生最大的收縮力量。太陽穴的顳肌是一例。

具兩肌腹的平行肌
有兩塊分開的肌團，以肌腱交叉點區隔開來。脖子正面的肩舌肌為一例。

具兩頭的平行肌
在最靠近身體那端分叉，分頭附著於兩處位置，從而提高穩定性和強度。肱二頭肌就是這種實例。

具三頭的平行肌
在最靠近身體那端分叉，分別附著於三處定點。肱三頭肌就是一例。

闊肌
構成寬闊、扁平的薄片，如腹壁的腹橫肌。

方肌
構成扁平的四邊形，如前臂旋前方肌。

梭形肌
中間部纖維彼此平行延伸，接著在一端或兩端會合構成肌腱。這類肌肉能收縮很長距離，還具有絕佳的持久力，卻不是非常強健。運動手指的肌肉，比如屈拇長肌都屬此類。

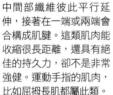

直肌
肌纖維平行並列，和梭形肌相仿，但直肌從頭到尾保持平行，並沒有在端點會聚構成肌腱。由橫越肌肉的肌腱交叉負責穩定肌肉。腹壁的腹直肌歸入這個類型。

羽狀肌
具有非常濃密的纖維，因此力量很強，卻往往很快就會疲憊。羽狀肌的纖維外觀像羽片。這類肌肉計含三類：單羽狀肌，如小腿的伸趾長肌；整羽狀肌，如腿部的股直肌；還有複羽狀肌，如肩部的三角肌。

身體小百科

力大無比的肌肉

· 你身體最有力的單條肌肉是負責咀嚼食物的嚼肌，由於附著的顎骨槓桿很短，齒列咬嚼施力可超過每平方公分 120 公斤。
· 最長的骨骼肌是縫匠肌，沿著你大腿全長延伸，跨距可達 0.7-1.3 公尺。
· 最短的骨骼肌是中耳內的鐙骨肌，長僅 1.25 公釐。
· 你大腿正面的股四頭肌是體內最強健、細瘦的肌肉。看名字就知道，這組肌肉分叉出四個「頭端」，就是以四大肌肉構成的部位，分別為：外股肌、股間肌、內股肌和股直肌。

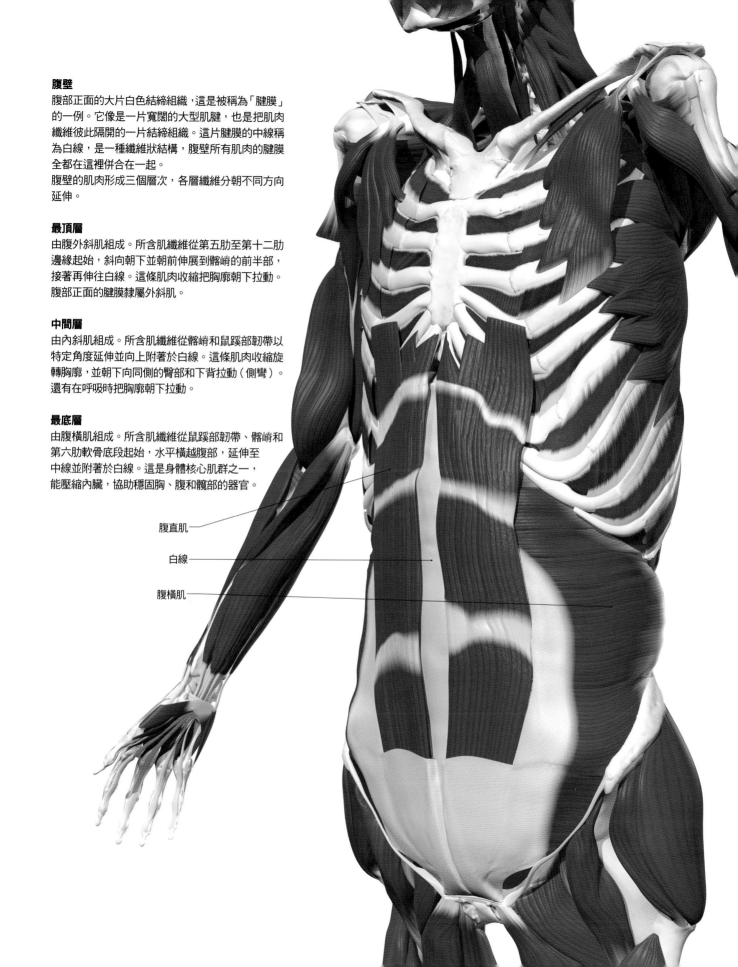

腹壁

腹部正面的大片白色結締組織，這是被稱為「腱膜」的一例。它像是一片寬闊的大型肌腱，也是把肌肉纖維彼此隔開的一片結締組織。這片腱膜的中線稱為白線，是一種纖維狀結構，腹壁所有肌肉的腱膜全都在這裡併合在一起。

腹壁的肌肉形成三個層次，各層纖維分朝不同方向延伸。

最頂層

由腹外斜肌組成。所含肌纖維從第五肋至第十二肋邊緣起始，斜向朝下並朝前伸展到髂嵴的前半部，接著再伸往白線。這條肌肉收縮把胸廓朝下拉動。腹部正面的腱膜隸屬外斜肌。

中間層

由內斜肌組成。所含肌纖維從髂嵴和鼠蹊部韌帶以特定角度延伸並向上附著於白線。這條肌肉收縮旋轉胸廓，並朝下向同側的臀部和下背拉動（側彎）。還有在呼吸時把胸廓朝下拉動。

最底層

由腹橫肌組成。所含肌纖維從鼠蹊部韌帶、髂嵴和第六肋軟骨底段起始，水平橫越腹部，延伸至中線並附著於白線。這是身體核心肌群之一，能壓縮內臟，協助穩固胸、腹和髖部的器官。

腹直肌

白線

腹橫肌

頭、頸部位的肌肉

頭、頸部的肌群負責運動面部和舌、喉相關結構。因此這群肌肉透過製造聲音和面部表情，掌管口語和非口語溝通，同時也參與咀嚼和吞嚥等進食動作（見 P. 131），還負責控制雙眼（見 P. 81）。聲音藉咽肌動作從喉嚨發出。有些牽涉到視覺和聽覺的肌肉，連同與耳朵和聽力有關的肌肉，都源自顱骨。頸前肌主要與喉部、舌骨和口底的位置改變有關。

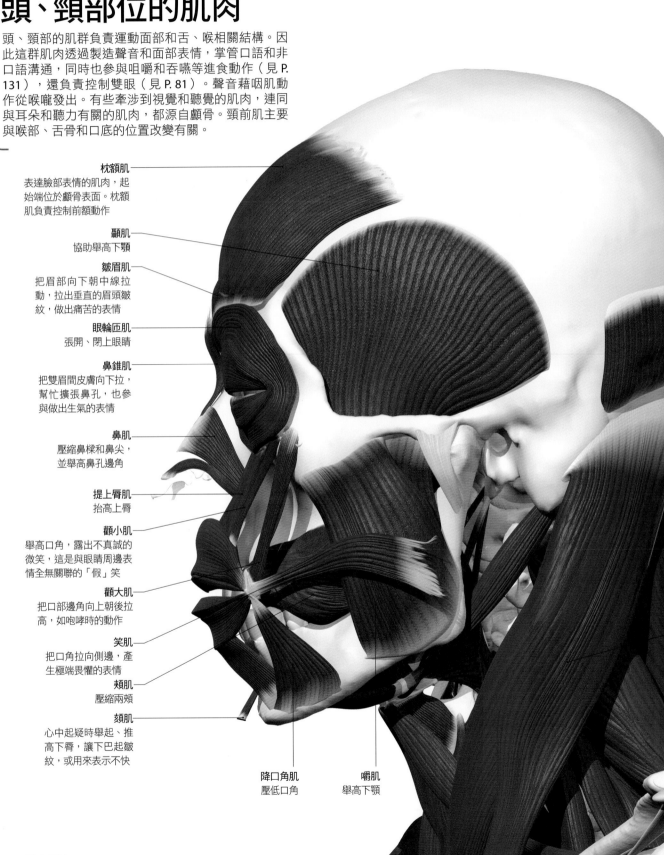

枕額肌
表達臉部表情的肌肉，起始端位於顱骨表面。枕額肌負責控制前額動作

顳肌
協助舉高下顎

皺眉肌
把眉部向下朝中線拉動，拉出垂直的眉頭皺紋，做出痛苦的表情

眼輪匝肌
張開、閉上眼睛

鼻錐肌
把雙眉間皮膚向下拉，幫忙擴張鼻孔，也參與做出生氣的表情

鼻肌
壓縮鼻樑和鼻尖，並舉高鼻孔邊角

提上唇肌
抬高上唇

顴小肌
舉高口角，露出不真誠的微笑，這是與眼睛周邊表情全無關聯的「假」笑

顴大肌
把口部邊角向上朝後拉高，如咆哮時的動作

笑肌
把口角拉向側邊，產生極端畏懼的表情

頰肌
壓縮兩頰

頦肌
心中起疑時舉起、推高下唇，讓下巴起皺紋，或用來表示不快

降口角肌
壓低口角

嚼肌
舉高下顎

喉嚨

喉嚨從鼻腔後方延伸到氣管頂端暨食道入口處,包括咽和喉兩個腔室。咽是兩腔室中較大的那個(12-14公分),可區分為三部分:鼻咽、口咽和咽喉部。喉比咽短,位於前方,俗稱「聲盒」,裡面有聲帶(見 P.93)。喉嚨的功能是向身體「輸運」食物、液體和空氣,也是發出聲音,讓我們能講話、唱歌的部位。

胸鎖乳突肌
轉動、屈區頸部。這條肌肉從胸骨頂端延伸到鎖骨,乃至於耳後的乳突

斜方肌
保持頭部位置並收縮朝後拉動頭部。這是條大型三角形肌肉

面部表情肌群

人類的臉孔能做出好幾種表情,如生氣、蔑視、嫌惡、畏懼、快樂、悲傷、困惑和驚奇等。面部表情約由 40 條面部肌肉(或稱擬態肌肉)收縮、鬆弛生成。頭顱其他肌肉也參與生成表情,好比負責咀嚼的嚼肌。有趣的是,左側臉的表情通常比右側臉更為豐富。負責面部表情的肌肉都經高度發展,具有絕佳的溝通技能。細微的肌肉收縮就能產生面部皮膚運動,改變你的表情。

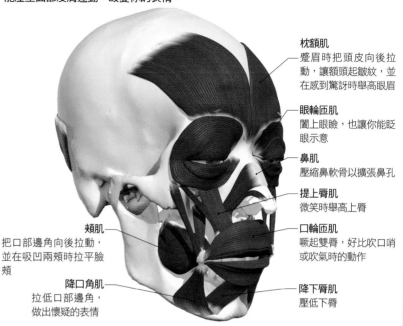

枕額肌
蹙眉時把頭皮向後拉動,讓額頭起皺紋,並在感到驚訝時舉高眼眉

眼輪匝肌
闔上眼瞼,也讓你能眨眼示意

鼻肌
壓縮鼻軟骨以擴張鼻孔

提上唇肌
微笑時舉高上唇

口輪匝肌
噘起雙唇,好比吹口哨或吹氣時的動作

降下唇肌
壓低下唇

降口角肌
拉低口部邊角,做出懷疑的表情

頰肌
把口部邊角向後拉動,並在吸凹兩頰時拉平臉頰

運動雙眼的肌群

每眼都有六條肌肉,分別為上、下直肌(讓眼睛能向側邊觀看);上、下斜肌(讓眼睛能轉動並向上方、側邊觀看)以及內、外直肌(讓眼睛向上、下方觀看)。這群肌肉形成三組作用相反的配對,讓眼睛能做出全方位外部運動(見 P.81)。倘若這群肌肉動作並不對稱,就可能引發斜視。眼內肌位於眼球內部,負責控制瞳孔直徑和水晶體的形狀。

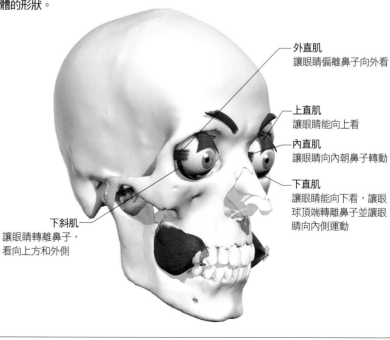

外直肌
讓眼睛偏離鼻子向外看

上直肌
讓眼睛能向上看

內直肌
讓眼睛向內朝鼻子轉動

下直肌
讓眼睛能向下看,讓眼球頂端轉離鼻子並讓眼睛向內側運動

下斜肌
讓眼睛轉離鼻子,看向上方和外側

神經系統
NERVOUS SYSTEM

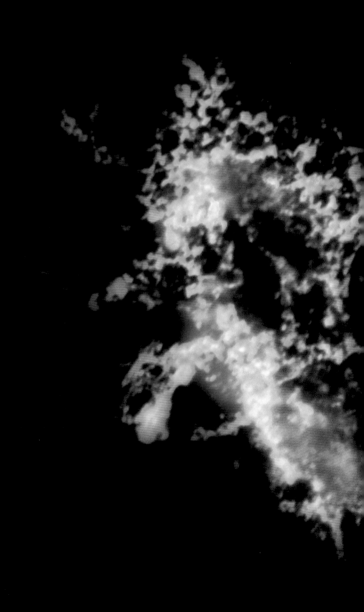

必要的神經元
神經細胞又稱神經元，總計超
過千億顆，是整套神經系統的
建構模塊，除組成腦之外，也
見於身體其他地方，特別是脊
髓和所屬分支神經。

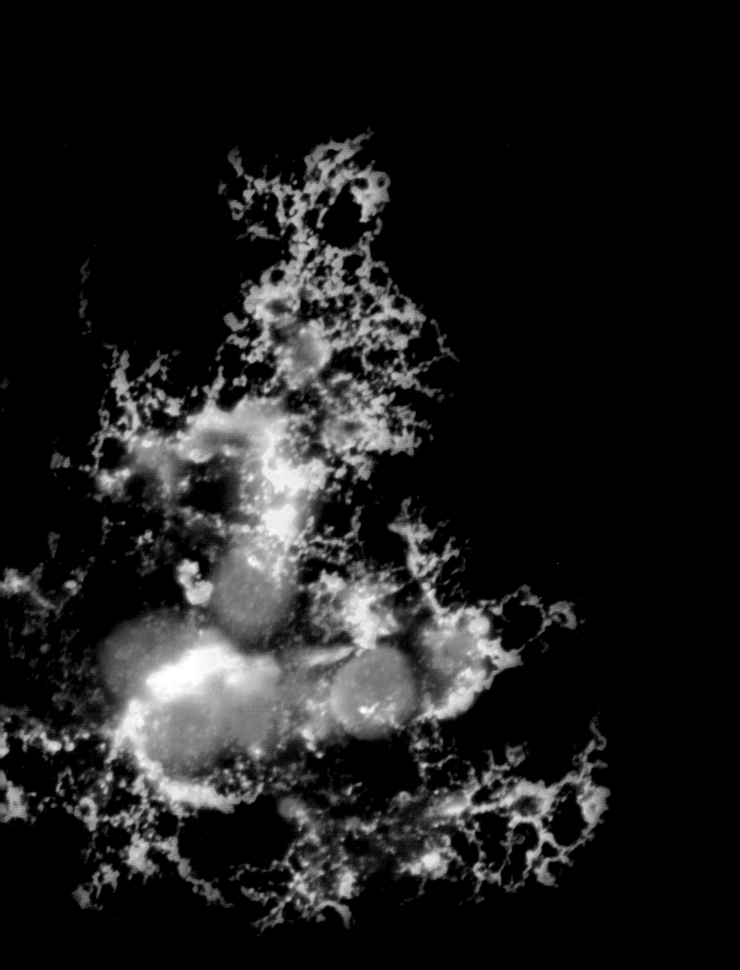

神經系統

你的神經系統控制、協調身體所有系統,區分兩大部分:中樞神經系統,由腦和脊髓組成。另一部分是周邊神經系統,形成一套遍布身體其餘部位的網絡。

神經系統構成一套溝通網絡,由體內所有神經組織共同組成。就結構方面,中樞神經系統就是腦和脊髓。周邊神經系統包括中樞神經系統除外的所有神經組織,負責把感覺訊息傳遞給腦和脊髓,並攜帶指令傳向身體。

中樞神經系統

腦和脊髓都是複雜的器官,不單包括神經組織,還有血管與結締組織細胞。這套系統負責整合、處理並協調感官數據和運動指令。舉例來說,當你絆到東西時,神經系統會整合你的平衡相關資訊和四肢姿勢訊息,同時向相應四肢傳送指令,讓你能自行恢復平衡。此外,這裡也是理智、情緒高等功能的中樞。

周邊神經系統

腦和脊髓之外的神經纖維,連同血管和結締組織集結成束。眾多不同神經細胞(神經元)的纖維一道延伸形成索狀周邊神經。神經索聚集形成神經幹,並細分為愈來愈小的分支神經。有些神經集結形成神經叢(見 P.76)。和腦直接相連的神經群組稱為腦神經。附著於脊髓的神經稱為脊神經。

周邊神經系統從你的身體取道脊髓感覺神經,向腦部回傳資訊。腦部處理這筆資訊後,取道運動神經回傳必要命令。周邊神經區分兩大部分:

體神經系統 攜帶感覺、運動資訊對全身受體往返傳送。這套系統主要涉及你的骨骼肌,負責調節隨意運動,比如在走路時指導你的骨骼肌運作。

自律神經系統(內臟神經系統) 調節所有不隨意功能(或稱為自主功能)的活動。這套系統控制你的器官和血管,調節你的心率和血壓。這套系統有個部分稱為腸道神經系統,嵌入胃腸道內襯,負責調節消化歷程。

自律神經系統發出兩類反向的命令。舉例來說,一項命令有可能讓血管收縮,另一項則是促使血管舒張的必要反向命令。這類反向命令由自律神經系的兩套子系統來傳遞,分別稱為交感神經系統和副交感神經系統。交感神經系統往往都讓事情加速進行,教導身體應付戰鬥或逃逸壓力反應等行動(見 P.123),副交感系統則往往讓事情緩和下來,負責在身體休息時調節一般維生反應。

位於腦和脊髓之外的成群神經細胞體稱為神經節。沿脊柱兩側各有連串神經節,由交感神經系統的神經細胞體構成。

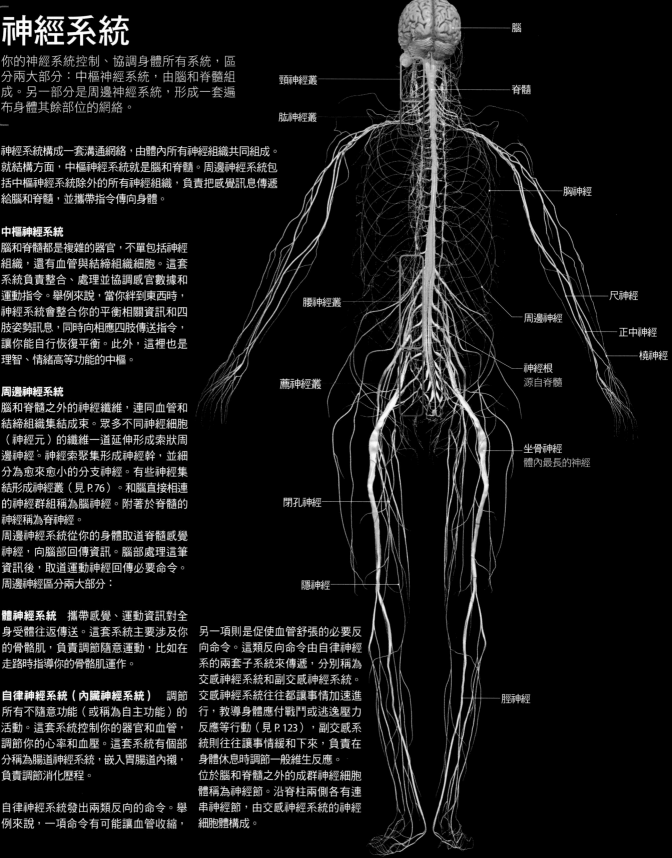

腦

頸神經叢

脊髓

肱神經叢

胸神經

腰神經叢

尺神經

周邊神經

正中神經

橈神經

神經根
源自脊髓

薦神經叢

坐骨神經
體內最長的神經

閉孔神經

隱神經

脛神經

觸覺

所有感官當中以觸覺最不可或缺。觸覺是生存要件，有觸覺你才能體驗從親吻乃至於生殖機制等樂趣，也才能從事行走、進食和疼痛縮手等簡單動作。表皮和真皮的感覺接受器能感知觸覺和冷、熱、疼痛等感覺。觸覺受體見於全身各處，不過某些皮膚部位，如手掌、腳底和雙唇的受體數量都比其他範圍更多，因此也比較敏感。這種比較敏感的部位，有些稱為性感帶。

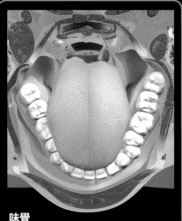

味覺

你的味覺感官終生不斷改變。在嬰兒期時，除了舌頭之外，口腔的側邊和頂部也到處滿布味蕾，這能幫你藉由吸吮、啃咬陌生物件來探索味覺世界。當你年齡增長，口腔側邊和頂部的味蕾消失，最後只見於你的舌頭。這些味蕾的敏感度隨年紀逐漸減弱，這可能和唾液生產量減少有連帶關係。

五官

古代哲學家稱人類感官為靈魂之窗，原因在於五官讓我們感受實相並得與世界互動，同時還提供工具，讓我們能目睹、想像和夢想。沒有感官的生命將異常貧瘠。感官有五種典型類別，或稱為專門感官：含專事嗅覺、味覺、視覺、聽覺和觸覺的感官。觸覺感官還可以細分為痛覺（傷害性感覺）、溫差覺（溫度感覺）和壓力覺（機械性感覺）。其他感官包括平衡（平衡感覺）加上對身體不同部位彼此相對位置（本體感覺）以及關節運動（運動感覺）的體察。

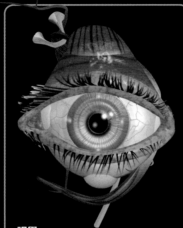

視覺

你最重要的感官之一，有視覺才能見到周遭世界並做出反應。你身體的感覺接受器約 70% 都群集在你的雙眼，而且除了能在明亮陽光下視物，你還能見到微弱的星光——亮度範圍比值超過千萬。

身體小百科

超感知覺

· 有些人有敏銳的時間感，能在體內精準設定鬧鐘，在預定時間喚醒自己。
· 有些人擁有非常優異的方向感，這或許和地球的微弱磁場有關聯。
· 直覺有時也被視為一種第六感。
· 有些人顯然擁有罕見的特殊感應，好比未卜先知、讀心術或療癒能力，這些都被視為超常感官。

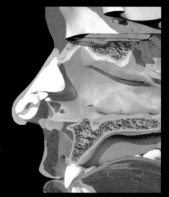

嗅覺

你每天呼吸超過 23,000 次，把不同氣味引向位於鼻子頂部的嗅覺受體。嗅覺受體直接和腦相連，這點和涉及其他感覺的受體不同。嗅覺訊息傳遞給職司學習、記憶及情緒相關事項的邊緣系統，因此能喚起強大的情緒反應。你的嗅覺在誕生時最強，三歲的嬰兒甚至能區辨自己媽媽的母乳。到了二十歲時，你的嗅覺性能只剩誕生時的 82%；六十歲時，陡降至 38%；八十歲時，嗅覺敏感度只剩誕生時的 28%。

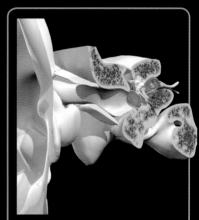

聽覺

你的聽覺（還有運動和平衡感覺）來自於內耳中的特殊受體受到刺激。腦部感受聲音的神經通路和原始邊緣系統相連，而且就像嗅覺，也能誘發強大的情緒反應，比如母親聽到自己嬰兒哭泣時湧起的感受。

神經細胞

你的神經系統含有一群特化的細胞,這類細胞稱為神經元,能發出並傳遞電脈衝。神經細胞區分三大類:即運動、感覺和聯合神經元。運動神經元把中樞神經系統的訊息傳遞給身體,用來控制隨意和不隨意活動。感覺神經元蒐集資訊,並將全身各處的信號回傳到你的腦和脊髓。聯合神經元職司聯繫,在不同神經元間傳遞訊息,這樣一來,資訊才能分類、比較並做處理。

神經元纖維
人體周身共含好幾百萬個神經元。所有神經元的基本結構全都相同,不過有些的軸突比較長。

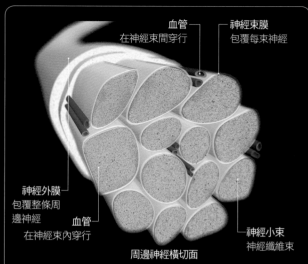

血管
在神經束間穿行

神經束膜
包覆每束神經

神經外膜
包覆整條周邊神經

血管
在神經束內穿行

神經小束
神經纖維束

周邊神經橫切面

周邊神經解剖結構
周邊神經是以眾多神經軸突群集而成,這類神經束稱為神經小束,裡面有血管穿行。每條小束周邊都包覆一層絕緣護鞘,稱為神經束膜。神經小束又叢集成束,外側又包覆一層絕緣膜,稱為神經外膜,外膜也含血管和脂肪。周邊神經的所有神經元細胞體全部集結成團,稱為神經節。

細胞體
神經元的主體部分,作用就像電腦處理器,負責匯集其他細胞的輸入並決定輸出內容。

軸突
從細胞體把脈衝傳導出去

樹突
作用就像觸鬚,能接收脈衝並轉朝細胞體傳送。樹突分叉構成樹狀分支,末梢形成短短的樹突棘,並在此和另一顆神經細胞的軸突相觸。

樹突棘
樹突的末梢

神經元的結構
每顆神經元都有個細胞體,內含細胞核,加上好幾處突出部位,稱為樹突和軸突。樹突很短,負責讓神經元和相鄰的其他神經細胞溝通。軸突較長,從細胞體把訊號傳遞出去,神經元才能和更遠處的神經或肌肉細胞溝通。

神經元的類型
神經元按本身具有的軸突和樹突數量分類:
· 單極神經元有個很短的突起,再分叉形成兩條非常長的突起。這些構造見於脊神經的背根神經節(見 P.76),能把感覺資訊傳送到中樞神經系統。
· 雙極神經元具一軸突和一樹突;為罕見類別,見於眼睛和耳朵。
· 多極神經元具一長軸突加上數量不等的樹突;為最常見類別。

神經元和神經膠細胞的運作

· 人體含數十億神經元。

· 你的腦細胞多半屬於多極神經元。

· 中樞神經系統和眼睛視網膜的部分神經元有樹突卻無軸突。

· 你腦中有許多神經元只負責向相鄰細胞傳送信息，因此長度只有百萬分之一公分。

· 軸突有可能與另一顆神經細胞的樹突相連，細胞體則直接與另一顆神經元的軸突相連，不過有時則以末梢與之相連，稱為「軸-軸末梢」。

· 周邊神經軸突只有一小段外覆「許旺細胞」。

· 中樞神經系統裡面有種「寡樹突細胞」，能伸出突起包覆軸突的短小段落，可包覆多達 50 條軸突。

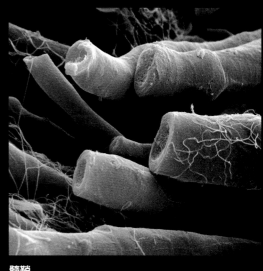

髓鞘

這是種組織層，包覆在較大型周邊神經細胞的軸突外圍。髓鞘由神經膠（許旺）細胞組成，包覆在軸突外圍，看來很像串珠。

髓鞘

蘭氏結

軸突外覆神經膠細胞形成髓鞘，軸上沒有髓鞘的間隙稱為蘭氏結。

軸突末梢

在軸突形成並分出好幾個較小的軸突末梢

突觸終端

出現在神經元與其他神經、肌肉或腺體細胞接觸的位置

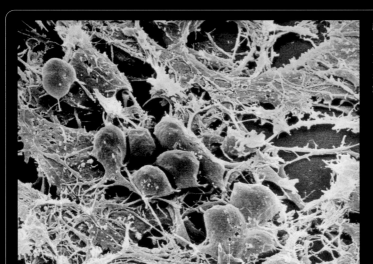

神經膠細胞

是特殊的「膠質」細胞，並不傳遞訊息，而是負責支持神經纖維並提供滋養。這類細胞構成中樞神經系統約半數質量。你的腦部包含眾多神經膠細胞，數量為神經元的 10 到 50 倍。神經膠細胞分好幾類：

· 寡樹突細胞，能為中樞神經系統的軸突絕緣。

· 星形細胞，是最常見的類別，負責清除由神經元釋出的溝通化學物質（神經傳導物質）。

· 衛星細胞，包覆在周邊神經元的外側表面，負責保持恆定環境。

· 放射狀細胞，作用就像鷹架，能引導胚胎所含神經元轉移位置。

· 許旺細胞，能隔絕周邊神經的軸突並形成髓鞘。

· 室管膜細胞，襯覆在充滿液體的腦室腔面。

神經細胞如何溝通

你的神經細胞都經特化，能發出、傳遞電脈衝。不過這是怎樣作用的？你所有細胞膜的幫浦把帶正電的鉀離子逼出細胞，於是相對於胞外，細胞內部便帶了負電，這就稱為膜電位。身體所有細胞都會生成膜電位，不過以你的肌肉細胞和神經細胞所帶電位最大，介於負 70 和負 100 毫伏特之間。

神經刺激

神經元只在受了刺激時才會發出電脈衝。刺激可以是外在的（例如壓力、聲音、光線、氣味、味道、溫度），也可以是內在的（如激素或鹽分水平的改變）。

一道電脈衝傳抵突觸，激發釋出儲備的神經傳導物質。這類物質擴散滲過突觸，和對側膜上的蛋白質受體交互作用。這會開啟接收方神經元的細孔，於是荷電離子才得以洶湧進出細胞。若刺激夠強，開啟的細孔數量夠多，下一個串接神經元也經去極化並生成一道電流，把脈衝繼續傳導下去。右圖顯示神經傳導物質釋出進入細胞（黃色部分），黃／藍部分則是負責供應細胞能量的粒線體。

多數突觸都使用溝通化學物質（稱為神經傳導物質）來傳遞資訊。這類物質都在神經細胞本體內製造，接著由微管攜帶沿軸突輸運。

神經傳導物質釋入突觸間隙，接著很快又被收回重複使用或分解，讓突觸準備好等待接收下一道電訊號並做反應。

軸突的終端鼓脹，稱為突觸小體，扮演神經細胞的傳信者角色。周邊神經較大型細胞的軸突外覆一層脂肪質髓鞘。這是神經膠細胞（許旺細胞）包覆軸突形成的構造，看來很像串珠。電脈衝順著神經膠細胞的間隙（蘭氏結）「跳躍」以加快傳遞速率。

在突觸的另一側，第二個神經元的胞膜增厚形成樹突棘，能發揮接受器的功能。一個神經元發出的資訊傳到稱為突觸的連接點，轉交給另一個神經元。若是刺激夠大，就會觸動突發反應，快速開啟神經細胞膜上細孔。荷電離子洶湧進出細胞，膜電位也瞬間逆轉。這種現象稱為去極化，電荷化為一波電流，稱為動作電位或神經衝動，順著神經軸突傳導。

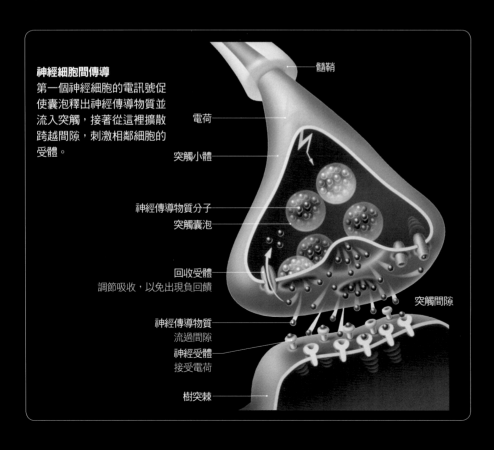

神經細胞間傳導
第一個神經細胞的電訊號促使囊泡釋出神經傳導物質並流入突觸，接著從這裡擴散跨越間隙，刺激相鄰細胞的受體。

髓鞘

電荷

突觸小體

神經傳導物質分子

突觸囊泡

回收受體
調節吸收，以免出現負回饋

突觸間隙

神經傳導物質
流過間隙

神經受體
接受電荷

樹突棘

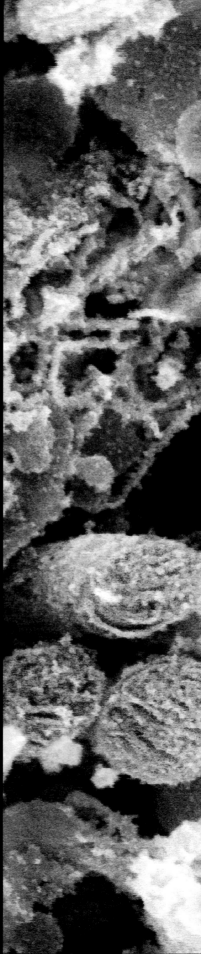

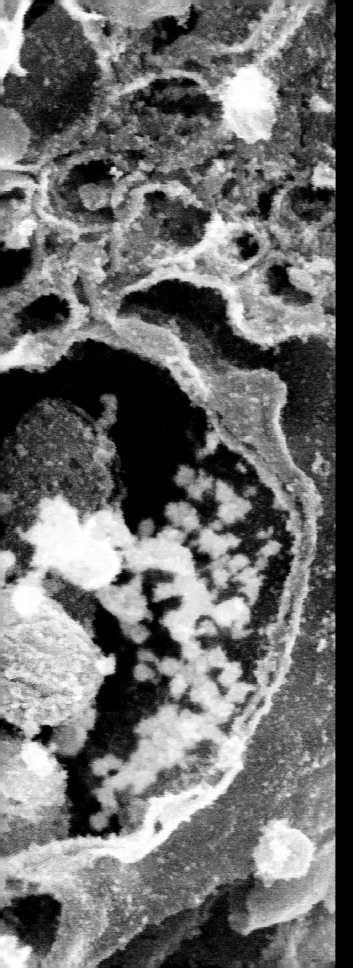

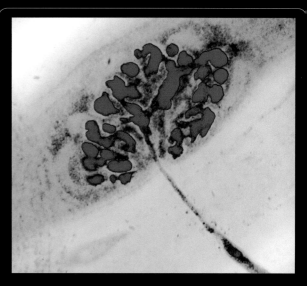

神經肌肉接合點

軸突末端的突觸小體和肌肉細胞有一種特殊的突觸連接形式，稱為神經肌肉接合點。電脈衝傳抵神經肌肉接合點便轉為一種化學訊號，這種現象在兩神經細胞間突觸也很常見。當化學訊號擴散跨越神經肌肉突觸間隙，便激使相連的肌肉纖維收縮。

突觸延擱

電脈衝傳抵突觸小體之後會延擱 0.5 毫秒，好讓化學物質擴散跨越突觸間隙，接著才會觸發標的神經元做出反應。突觸延擱意味著，訊號在神經通路上的傳遞速率會隨著相關突觸數量增多而遞減。

有幾種突觸採電脈衝方式傳遞資訊，從一個神經元躍向另一個神經元，延擱時間非常短暫。

有些突觸能兼採化學和電性方式來傳遞信息，因此一開始會很快出現電訊號直接傳遞，隨後則是較慢的化學訊號。這類突觸稱為聯合突觸。

單向傳導

腦中突觸多屬化學突觸。不過這種傳遞方式比電性傳遞遲緩，當一顆細胞向另一顆傳遞信息，突觸間隙只有一側儲有神經傳導物質，因此化學傳遞能確保信息只循單向傳輸。這種活瓣式功能是預防資訊混雜的要件。

身體小百科

突觸快車

- 典型神經元各具 1,000 到 10,000 處突觸連結。
- 約 98% 突觸位於一細胞的軸突和另一細胞的樹突棘之間（軸—樹突觸）。
- 其餘突觸多半在一神經元的軸突和另一神經元的胞體間形成（軸—體突觸）。
- 兩軸突之間的突觸（軸—軸突觸）相當少見。
- 電脈衝（動作電位）循神經軸突傳導極快，可達每秒 120 公尺。
- 一條神經能頻繁發送電脈衝，每秒可達 1,000 道。
- 冷敷傷處能減緩神經傳導速率，具止痛效果。
- 神經衝動含移動電荷，能助長身體產生磁場。

腦部的外觀

成人的腦部重約 1.4 公斤。腦中神經元估計達千億，加上五兆輔助性膠質細胞（神經膠細胞）。神經元細胞體超過 85% 集中分布於兩腦半球外層部位——這就是所謂的灰質。

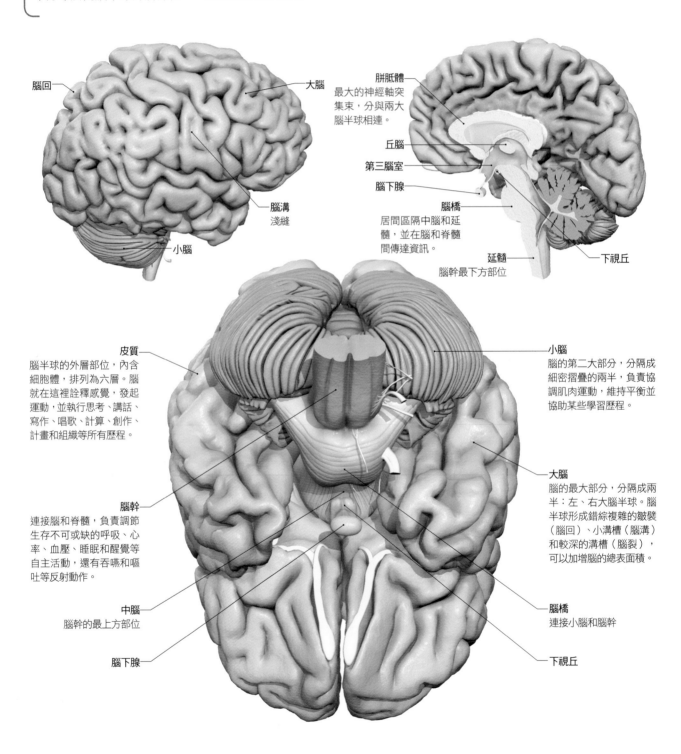

腦回

大腦

胼胝體
最大的神經軸突集束，分與兩大腦半球相連。

丘腦

第三腦室

腦下腺

腦橋
居間區隔中腦和延髓，並在腦和脊髓間傳達資訊。

腦溝
淺縫

小腦

延髓
腦幹最下方部位

下視丘

皮質
腦半球的外層部位，內含細胞體，排列為六層。腦就在這裡詮釋感覺，發起運動，並執行思考、講話、寫作、唱歌、計算、創作、計畫和組織等所有歷程。

小腦
腦的第二大部分，分隔成細密摺疊的兩半，負責協調肌肉運動，維持平衡並協助某些學習歷程。

大腦
腦的最大部分，分隔成兩半：左、右大腦半球。腦半球形成錯綜複雜的皺襞（腦回）、小溝槽（腦溝）和較深的溝槽（腦裂），可以加增腦的總表面積。

腦幹
連接腦和脊髓，負責調節生存不可或缺的呼吸、心率、血壓、睡眠和醒覺等自主活動，還有吞嚥和嘔吐等反射動作。

中腦
腦幹的最上方部位

腦下腺

腦橋
連接小腦和腦幹

下視丘

大腦半球

大腦兩半球各自細分為四葉。各葉又分為不同部位，分別職司重要功能。

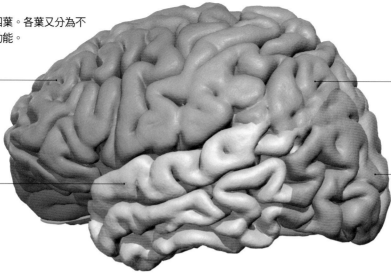

額葉

四種腦葉當中最大的一種，涉及講話、思考、情緒、純熟活動、判斷力和社交行為。這裡是你的人格棲身之處。

顳葉

參與聲音的詮釋和辨識

頂葉

感受碰觸和疼痛的位置。頂葉處理身體姿勢相關資訊（本體感覺）並詮釋味覺感受。

枕葉

四種腦葉中最小的一種，職司視覺影像的詮釋和構成，也負責顏色辨識。枕葉也涉及聽覺。

腦膜

腦和脊髓完整外覆三層護膜，稱為腦膜。腦膜穿過顱底開孔（枕骨大孔）向下延展達第二薦椎高度。

外側硬膜

以緻密纖維狀組織構成，區分兩層：外側骨膜層附著於顱骨，內側腦膜層則鬆散附著於底下的蛛網膜。兩層硬膜一道延展，覆蓋顱骨大半部位。兩膜在兩處分離，其中一處內層褶入腦中分出兩腦半球，還有一處則從大腦枕葉分出小腦和腦幹。

兩層硬膜的分離間隙形成大型排流通道，稱為硬膜竇，負責將靜脈血和腦脊髓液排出腦外。

中層蛛網膜

這是層透明薄膜，形成鬆軟護墊，能幫忙保護腦和脊髓。

軟膜

細緻的內層軟膜附著於腦子和脊髓的外表面。軟膜密切依循腦回和腦溝的輪廓，內含供腦血管和微血管。

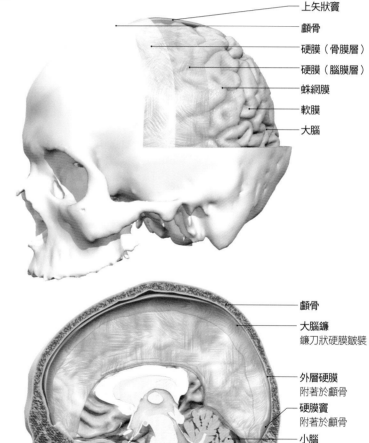

上矢狀竇
顱骨
硬膜（骨膜層）
硬膜（腦膜層）
蛛網膜
軟膜
大腦

顱骨
大腦鐮
鐮刀狀硬膜皺襞

外層硬膜
附著於顱骨
硬膜竇
附著於顱骨
小腦

枕骨大孔
顱底的開孔

身體小百科

腦的真相
· 成人腦皮質的灰質平均只有 1.6 公釐厚。
· 腦是你體內感受性最低的器官。
· 你的腦部感受性最高的部位是腦膜。
· 腦中所有樹突和軸突首尾相接，長度約可達 160,000 公里。
· 神經細胞纖維交叉，因此你的腦部右側控制身體的左側，反之亦然。

腦部的內在構造

含有神經元細胞體的腦灰質底下是白質。白質由軸突組成，軸突外覆膠質細胞（神經膠細胞），構成白色髓質外鞘。你的兩腦半球各具大型白質管束，串連腦子不同部位，除左右腦互連之外也通往其他腦區。

小腦

白質裡面埋藏一團團灰質，稱為基底神經節，包括丘腦、蒼白球、被殼和尾核，這群灰質都牽涉到行走等複雜運動的控制。

丘腦負責整理、詮釋感官訊息，並將這類感覺神經訊號導向皮質感覺區。

內囊是有髓鞘軸突（白質）群集組成的扇狀構造，連接大腦皮質、腦幹和脊髓。內囊負責傳遞用來控制上、下肢運動的資訊。

胼胝體包含連接左、右大腦半球的有髓鞘軸突。

下視丘位於丘腦和腦下腺之間，負責調節若干自主功能，比如體溫、攝食、水和鹽的平衡、睡／醒循環和某些激素的分泌作用，並能產生發怒和害怕等原始情緒。

腦下腺

這個小型腺體由蝶骨防護，懸垂在下視丘底下。腦下腺分為前葉、中葉和後葉，分別製造不同的胜肽激素。腦下腺分泌作用由下視丘釋出的傳訊化學物質負責調節。腦下腺有幾項重要功能，包括甲狀腺、卵巢和睪丸的調節作用。

身體小百科

繁忙的腦子

· 韋氏動脈環（見對頁）的排列因人而異，每三人當中有兩人的動脈組成不同。由於這是種圓環配置，倘若有條血管堵塞，其他動脈能幫忙維繫供腦血流。

· 成人供腦血流平均每分鐘 1000 毫升。

· 腦脊髓液量平均為 125-150 毫升。

· 腦脊髓液產量約每天 500 毫升。

· 正常腦脊髓液清澈無色。

· 基底神經節內有一團神經元稱為伏隔核，扮演腦部快樂中樞角色，具有喚起性興奮和毒品「快感」的作用。

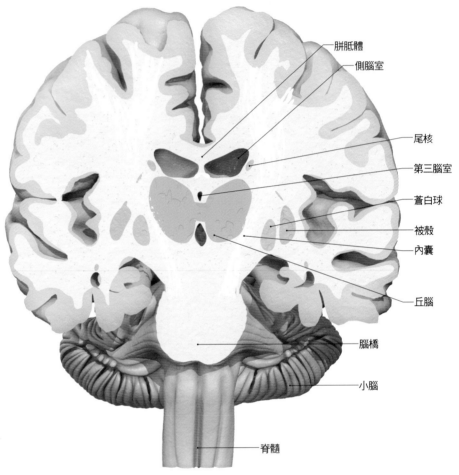

胼胝體
側腦室
尾核
第三腦室
蒼白球
被殼
內囊
丘腦
腦橋
小腦
脊髓

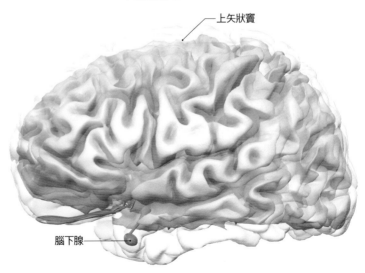

上矢狀竇
腦下腺

腦室

你的腦子包含四個充滿液體的腔室，稱為腦室，裡面裝滿腦脊髓液。左、右側腦室各自取道腦室間孔（一道小間隙）與正中第三腦室交流。第三腦室取道大腦導水管（一條狹窄管道）與第四腦室相連。

腦脊髓液

由各腦室內部的微血管脈絡叢泌出。腦脊髓液見於腦室內部，也見於軟膜與蛛網膜之間（見 P.65）。腦脊髓液具緩衝作用，能保護腦部，還能提供養分。

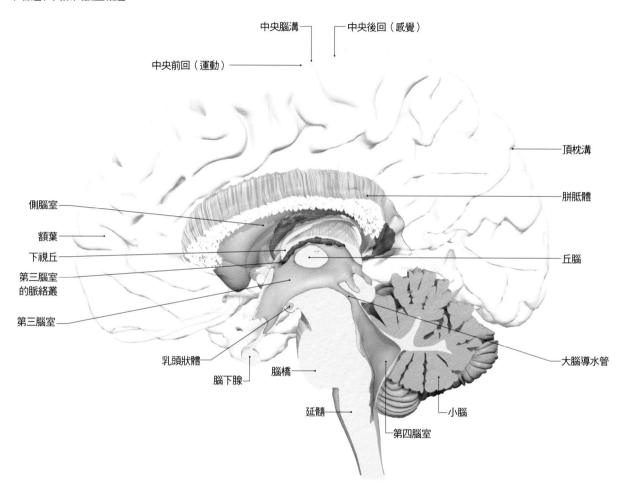

中央腦溝 — 　中央後回（感覺）

中央前回（運動） —

頂枕溝

胼胝體

側腦室 —
額葉 —
下視丘 —
第三腦室的脈絡叢 —
第三腦室 —

丘腦

乳頭狀體 —
腦下腺 —　腦橋
延髓 —

大腦導水管

小腦
第四腦室

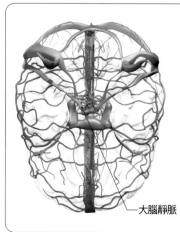

腦部的供血

腦的供血來自一圈動脈環，稱為韋氏動脈環，其組成包括前交通動脈、左右前大腦動脈、左右內頸動脈、左右後大腦動脈和左右後交通動脈。韋氏動脈環又出支動脈，分別為腦部組織供血。

腦微血管的管壁細胞彼此緊密貼合，因此氧、葡萄糖和水都能穿行透入腦部組織，還能擋下細菌和某些藥物不使通行。這層防護機制稱為血腦障壁。腦中血液經由大腦靜脈流回兩層硬膜間的硬膜竇（見 P.65）。血液和用過的腦脊髓液一道排入內頸靜脈。

大腦靜脈 —

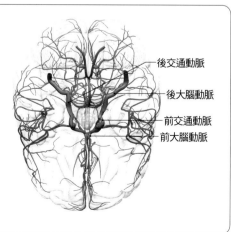

後交通動脈
後大腦動脈
前交通動脈
前大腦動脈

腦部功能（一）

大腦皮質包含感覺區、運動區和聯合區。感覺區接收、詮釋從你的感官和全身其他受體傳來的資訊。運動區控制涉及隨意運動的骨骼肌，而聯合區則分析感覺區傳來的資訊，並微調命令以發送給運動區。聯合區還參與思考和理解，負責分析經驗並依循邏輯、藝術途徑來做詮釋，讓你的神智完全清楚、明白。

腦的聯繫

藉著從身體一側跨到另一側的一束束神經纖維，你的兩側大腦半球彼此溝通，並與你身體的其餘部分交流。

左大腦皮質接收身體右側的感覺資訊，接著發送運動資訊來控制右側的運動。相同道理，右側腦也和左側身體聯繫。

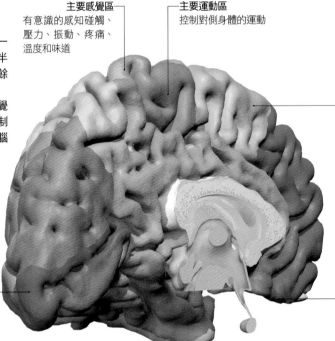

主要感覺區
有意識的感知碰觸、壓力、振動、疼痛、溫度和味道

主要運動區
控制對側身體的運動

運動聯合區
計畫、協調必要的肌肉收縮來執行走路、跑步等隨意動作

主要視覺皮質
接收、處理視覺訊號

主要嗅覺皮質
接收、處理嗅球傳來的嗅覺訊號

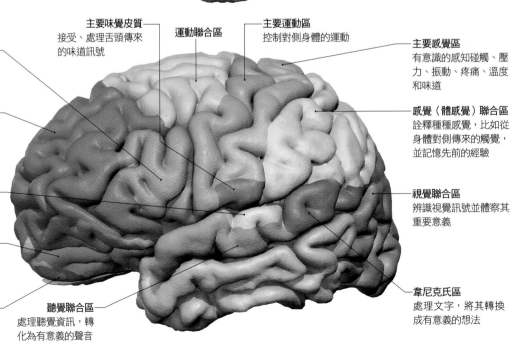

主要味覺皮質
接受、處理舌頭傳來的味道訊號

運動聯合區

主要運動區
控制對側身體的運動

主要感覺區
有意識的感知碰觸、壓力、振動、疼痛、溫度和味道

布洛卡氏區
規畫必要肌肉收縮來發聲表達思想和書寫文字

前額皮質
借鏡先前經驗，依循習得的可接受行為之規則，來規畫你在不同情況下如何反應

感覺（體感覺）聯合區
詮釋種種感覺，比如從身體對側傳來的觸覺，並記憶先前的經驗

主要聽覺皮質
接收、處理內耳傳來的聽覺訊號

視覺聯合區
辨識視覺訊號並體察其重要意義

眼眶額葉皮質
分析味覺、嗅覺和視覺資訊，判定你喜不喜歡不同的食物

主要嗅覺皮質
接收、處理嗅球傳來的嗅覺訊號

聽覺聯合區
處理聽覺資訊，轉化為有意義的聲音

韋尼克氏區
處理文字，將其轉換成有意義的想法

腦波

腦中每秒發出數百萬道神經衝動，集結產生一個電場，可經測量並描畫出稱為腦電圖的記錄。腦電圖有不同波形，實際得看腦的活動水平而定。右圖最上列為腦部清醒時發出的腦波。腦波共分四大樣式：

· α 波（頻率 8–13 赫茲）在你輕鬆闔眼的覺醒時期發出，見右圖第二列。

· β 波（頻率 13–30 赫茲）和警覺與凝神專注有關。

· θ 波（頻率 4–7 赫茲）和冥想與創造思想有關。右圖第三列顯示一個人睡著時的這類波型，第四列則顯示複雜的 θ 波。

· δ 波（頻率 0.5–4 赫茲）在沉睡時發出，參見最後一列。

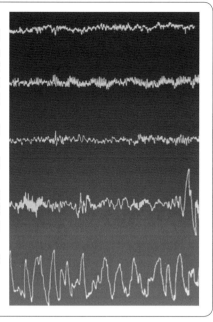

雛型人

身體部位藉神經元與運動、感覺皮質相連，某些部位的神經元數多於其他部位。若描畫身體時能映現出這些神經元在腦中占據的相對空間，則畫出的圖形便稱為「感覺與運動雛型人」。下圖所示身體比例，反映出相關神經元在腦中占有的相對空間。舉例來說，依此圖示，雙手和臉部肌肉都有大量運動神經元連通，用來控制複雜的運動。

利手（慣用手）也由大腦皮質控制，每十人有九人慣用右手來從事須小心協調的動作，其餘一人則是左利，或是左右手同樣靈便（雙手共利）。右利人士的左側腦估計比右側腦多了一億八千六百萬個神經元。左利人士的這種功能模式通常相反。

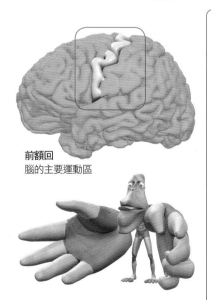

前額回
腦的主要運動區

運動雛型人

腦運動區的橫切面顯示哪個區域控制身體哪個部位。

- ● 軀幹
- ● 肩
- ● 肘
- ● 腕
- ● 手
- ● 手指
- ● 頸
- ● 雙眼
- ● 臉
- ● 雙唇
- ● 舌
- ● 臀
- ● 膝
- ● 踝
- ● 腳趾

腦部活動中樞

正子造影（PET）能顯現腦中哪些部位經不同作業活化。

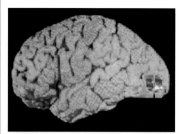

腦背的枕葉皮質含視覺區，圖為該區受視覺刺激的情形。

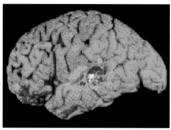

上顳葉皮質含聽覺區，圖為該區受聽覺刺激的情形。

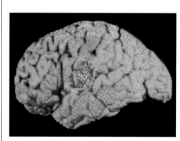

腦島（島葉）和運動皮質內含腦部言語中樞，圖為該區受說話刺激的情形。

身體小百科

無邊無際的腦

· 初生嬰兒的腦部含超過兩千億顆腦細胞，數量和銀河系星體一樣多。

· 每顆腦細胞都以多達兩萬條不同分支與相鄰細胞接線，產生多達幾兆組連結，比所有星系所含星體總數還多。

· 腦中神經元能夠形成的可能連結，數目超過宇宙的所有原子數。

· 你的腦兩側半球交互產生不同模式的腦波頻率和波幅。

· 冥想時的深沉寧靜感受，源於各種腦波模式達到同步作用。

腦部功能（二）

腦中數十億個神經細胞每個都與其他一千到兩萬個神經元連結。因此一道電脈衝在你腦中通行的可能路徑多不勝數，達到兆兆等級。就是這些連結控制了腦部的高等功能——讓人之所以為人的種種特有層面，包括智力、意識和人格。許多下意識歷程都由邊緣系統控制。

智力

「智力」一詞解釋為「理解」，意指推理、計畫、解決問題、權衡選項、預測結果並採抽象方式來思索時間和未來等複雜概念的心理能力。智力還牽涉到語言使用和快速從經驗學習的能力。這類高等功能全都發生在腦中，而且和樹突分支與皮質迴褶等個別解剖結構似乎都有連帶關係。神經元胞體的樹突區分六個分支層理（或層級），有時還達七層或八層（見 P.60）。這些分支是決定智力高低的要項。第一、二和第三層分支取決於我們的基因。第四到第八較高層級，部分由基因決定，部分則取決於早年生活刺激和互動經驗，包括在子宮內的情況。一個人擁有的高層級分支愈多，智力也愈可能較高。

大腦皮質交疊構成迴褶，稱為腦回。智力和出現在某些部位的皮質摺皺程度也有連帶關係，尤以一處稱為「後扣帶腦回」部位所含顳枕腦葉皺襞關聯更大。

記憶

智力的基本生物功能根柢是記憶，缺了這項功能，一切新經驗和新資訊項目，全都得當成完全獨特的事項來處理。記憶是儲存、保留資訊供後取用的能力。有記憶，我們才能類推，也就是學習如何藉思索雷同情境來解決新的問題，從而產生合意的結果。我們對記憶的認識有限，不過據信許多不同腦區，比如海馬體、杏仁體和乳頭狀體等，和記憶都有關聯。這些腦區各與不同記憶類型有關，比如工作（短期）記憶、長期記憶、空間記憶和情緒記憶。

情緒

人類會體驗好幾種不同情緒，包括發怒、害怕、悲傷、嫌惡、驚訝、好奇、接受和喜樂。不過這些絕非僅有的幾種，其他還有困惑、羨慕、興奮、內疚、憐憫、悲痛、困窘、戒慎、孤單、猜忌、害羞、愉快、愛和情慾等。情緒似乎是產生自身體和心理反應的交互作用。腦中許多不同部位都牽涉到情緒處理，特別是下視丘和隸屬邊緣系統的杏仁體和海馬體等結構。

邊緣系統

邊緣系統影響下意識、生存相關直覺行為，還有我們的心情和情緒。這其中多種直覺都受到後天的倫理、社會和文化傳統所影響。邊緣系統海馬體部位牽涉到新經驗和新記憶的學習與辨識，尤其是身體的三維關係。邊緣系統和嗅神經束的嗅聞偵測也有密切關聯，也因此有些氣味會激發強烈的記憶和情緒。

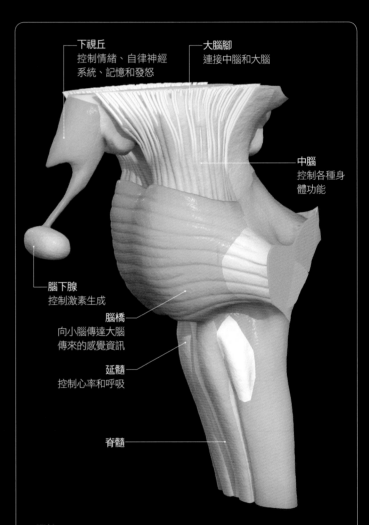

下視丘
控制情緒、自律神經
系統、記憶和發怒

大腦腳
連接中腦和大腦

中腦
控制各種身
體功能

腦下腺
控制激素生成

腦橋
向小腦傳達大腦
傳來的感覺資訊

延髓
控制心率和呼吸

脊髓

腦幹

這是腦部工作最繁重的部位。腦幹發動並協調數百種下意識身體歷程，讓你的身體得以運作。腦幹位於大腦底下，通往脊髓頂端。從身體各處部位傳來並進出腦中的神經訊號，全都通過腦幹，連接腦部左、右側的神經也在這個位置交叉。腦幹的主要結構是中腦、延髓和網狀結構（本圖並未顯示）。

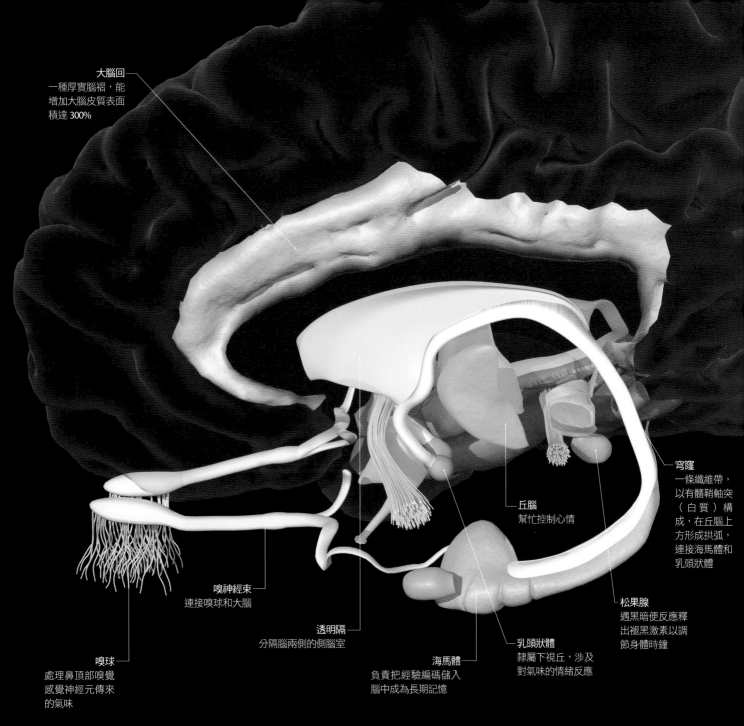

大腦回
一種厚實腦褶，能增加大腦皮質表面積達 300%

穹窿
一條纖維帶，以有髓鞘軸突（白質）構成，在丘腦上方形成拱弧，連接海馬體和乳頭狀體

丘腦
幫忙控制心情

嗅神經束
連接嗅球和大腦

松果腺
遇黑暗便反應釋出褪黑激素以調節身體時鐘

透明隔
分隔腦兩側的側腦室

嗅球
處理鼻頂部嗅覺感覺神經元傳來的氣味

海馬體
負責把經驗編碼儲入腦中成為長期記憶

乳頭狀體
隸屬下視丘，涉及對氣味的情緒反應

費洛蒙

一種揮發性物質，由腋窩和生殖器、乳頭周圍的頂泌汗腺（見 P.25）泌出。這類無臭化學物質能由鼻隔的黏膜內襯特化細胞（犁鼻器）來感測。費洛蒙和首要性激素「去氫表雄固酮」有關，對其他個體具有下意識作用，對異性效果還更強。費洛蒙的影響兼及情緒反應和生理性反應，比如排卵和月經周期長短，能滋生溫暖、親暱、關懷和吸引力等感受。雌性費洛蒙能擴散長遠距離，至於雄性費洛蒙則似乎需要近距離接觸才有效果。

身體小百科

戰鬥、逃逸和快樂
· 從演化看來，邊緣系統是你腦部最古老的部分之一。
· 你的邊緣系統目的在調節「戰鬥或逃逸」壓力反應，還會影響你的內分泌系統和自律神經系統。
· 邊緣系統和腦部基底神經節裡面的快樂中樞也有連帶關係。

脊髓

成人的脊髓約 45 公分長，從腦的底部延伸到腰椎骨。脊髓的結構和功能都與腦整合，不過從周邊神經系統傳來的神經衝動，許多都在脊髓處理，完全沒有傳抵腦。

脊髓的結構

脊髓的中央組成部分是灰質（神經元細胞體和輔助性神經細胞），這點和腦並不相同，周圍則是白質和一條中央管。灰質在各角落分別形成突起，稱為「角」。白質由順著脊髓上下延展的一束束有髓、無髓軸突組成。

灰質負責整合神經衝動並發出命令；白質攜帶資訊往來各處。

脊髓伸出神經，導向身體不同部位。各節脊椎骨自有一對相關脊神經，分循本體、感覺和交感神經通往身體特定部位。

脊椎的保護構造

脊髓外覆三層防護腦膜，分別為軟膜、硬膜和蛛網膜。血管在這三層護膜裡分叉開來，負責向脊髓輸運氧氣和養分。蛛網膜和脊髓之間有蛛網膜下腔，內含腦脊髓液，能吸收撞擊，也可以充當擴散養分、廢物和氣體的媒材。這三層腦膜和腦脊髓液負責保護脊髓的細膩神經組織，以免外界衝撞受傷。脊髓和腦膜還進一步受脊椎骨保護。

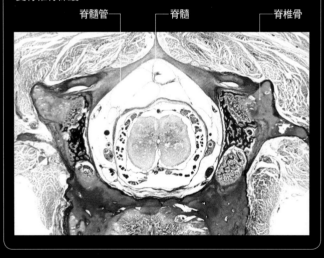

脊髓管　　　　脊髓　　　　脊椎骨

身體小百科

你的脊髓

· 脊髓是腦的延伸部位。

· 成人的脊髓重約 35 公克，所含神經元估計約達十億。

· 你的脊髓在童年期就停止生長，不過脊柱繼續拉長。因此成人的脊髓向下延伸只達脊柱的 2/3 長度，約與 L1 或 L2 齊平（見 P.36）。

· 你的脊髓長約 45 公分，脊柱則約為 70 公分長。

· 較低十對脊神經根延伸達脊髓下方，從底下脊柱低處伸出，集結形成一束神經纖維，稱為脊尾，其拉丁文原意為「馬尾」。

· 脊髓逐漸收細，形成修長的終絲。這種細絲主要以纖維狀組織構成，約 20 公分長，是軟膜的延伸，而脊髓也以此拴繫在脊椎管內。

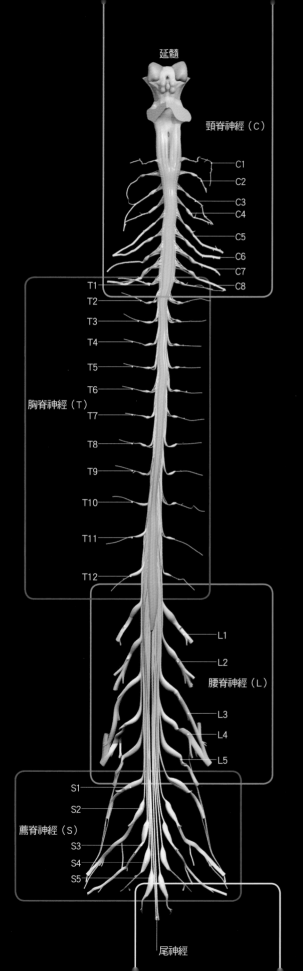

延髓

頸脊神經（C）

C1
C2
C3
C4
C5
C6
C7
C8

T1
T2
T3
T4
T5
T6
T7
T8
T9
T10
T11
T12

胸脊神經（T）

L1
L2

腰脊神經（L）

L3
L4
L5

S1
S2
S3
S4
S5

薦脊神經（S）

尾神經

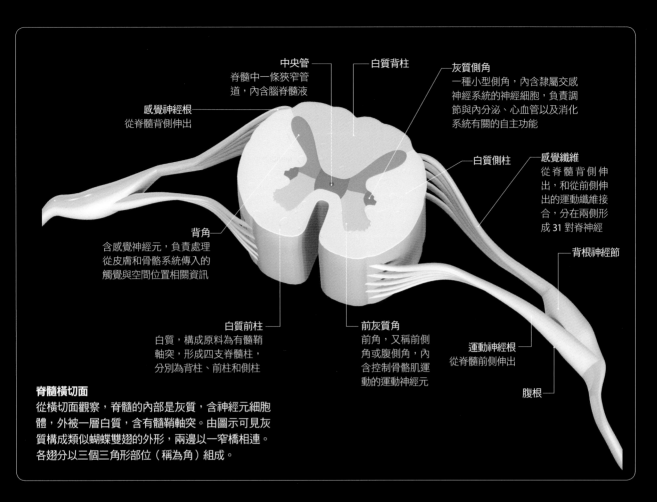

中央管
脊髓中一條狹窄管道，內含腦脊髓液

白質背柱

灰質側角
一種小型側角，內含隸屬交感神經系統的神經細胞，負責調節與內分泌、心血管以及消化系統有關的自主功能

感覺神經根
從脊髓背側伸出

白質側柱

感覺纖維
從脊髓背側伸出，和從前側伸出的運動纖維接合，分在兩側形成 31 對脊神經

背角
含感覺神經元，負責處理從皮膚和骨骼系統傳入的觸覺與空間位置相關資訊

背根神經節

白質前柱
白質，構成原料為有髓鞘軸突，形成四支脊髓柱，分別為背柱、前柱和側柱

前灰質角
前角，又稱前側角或腹側角，內含控制骨骼肌運動的運動神經元

運動神經根
從脊髓前側伸出

腹根

脊髓橫切面
從橫切面觀察，脊髓的內部是灰質，含神經元細胞體，外被一層白質，含有髓鞘軸突。由圖示可見灰質構成類似蝴蝶雙翅的外形，兩邊以一窄橋相連。各翅分以三個三角形部位（稱為角）組成。

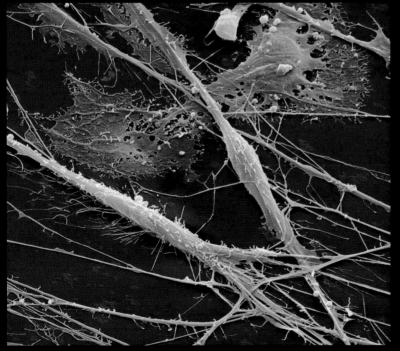

脊神經節
這群神經細胞構成背根神經節的一部分。背根神經節是緊貼脊髓外側的一群神經，負責處理感覺資訊，用來協調其他神經元傳來的脈衝。

神經反射弧

反射是對刺激的高速自發反應，目的在維繫內部現況。舉例來說，當你的手碰觸熱鍋便啟動反射直覺抽手。有一群神經元固定涉入這項歷程，稱為反射弧。多數脊反射都含背根神經節的感覺神經細胞體。作用順序如下：

刺激傳入：手觸高熱物品
↓
感覺神經元啟動
↓
資訊由中樞神經系統處理，通常由脊髓負責
↓
運動神經元啟動
↓
做出反應：手移開

腦神經

腦和腦幹對稱長出 12 對腦神經，傳統上使用羅馬數字 I 到 XII 來編號。第 I 和第 II 對神經從腦長出，第 III 到第 XII 對則是從腦幹伸出。

感官神經

腦神經牽涉到視、聽、平衡、嗅和味覺，還涉及面部表情控制，並能調節若干自主功能，如心率、呼吸和各種腸液的分泌等。有些腦神經（第 III、IV、VI、XI、XII 對）傳遞運動訊號，負責控制頭、頸肌肉的運動；另有些（I、II、VIII）則傳遞感覺資訊返回腦部；還有些兼傳兩類訊號（V、VII、IX、X，稱為感覺運動神經）。

丘腦

腦幹

腦神經
從腦和腦幹伸出

脊髓

脊神經

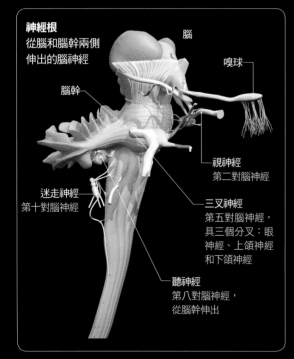

神經根
從腦和腦幹兩側伸出的腦神經

腦

嗅球

腦幹

視神經
第二對腦神經

迷走神經
第十對腦神經

三叉神經
第五對腦神經，
具三個分叉：眼
神經、上頜神經
和下頜神經

聽神經
第八對腦神經，
從腦幹伸出

身體小百科

神經中樞

· 腦神經有一對頗富爭議，稱為第零對腦神經，說不定確實存在，不過相當纖細，不用電子顯微鏡很難找到。

· 第零對腦神經據信是從鼻腔伸出，位置和嗅神經很近，讓你能感測費洛蒙——涉及人際親密關係和情慾的無氣味化學物質。

· 嗅神經（I）是 12 對腦神經中最短的一對。

· 視神經（II）是在胚胎發育階段從腦外翻長出的囊袋，嚴格而言也隸屬中樞神經系統。

· 滑車神經（IV）是唯一在抵達標的之前先橫跨到另一側的腦神經，也是唯一從腦幹背側伸出的腦神經。

· 三叉神經（V）是你最大的腦神經。

· 迷走神經（X）是你最長的腦神經。

· 副神經（XI）又稱輔神經，是唯一從顱骨底進入且由此伸出的腦神經。

腦神經的功能

第一對腦神經 嗅神經（感覺）共含 15–20 條纖細的感覺神經纖維，負責把鼻腔上部氣味受體傳來的資訊傳遞到腦部嗅覺中樞（嗅球）。這組感覺神經纖維從頭顱篩骨部分之篩狀板的篩孔穿過。

第二對腦神經 視神經（感覺）攜帶從眼睛視網膜光受體傳來的資訊，穿過蝶骨視管並轉達視覺皮質。

第三對腦神經 動眼神經（運動）控制眼肌隨意運動（含上直肌、內直肌、下直肌、下斜肌），能開啟眼瞼（由上瞼舉肌執行）並收縮瞳孔和水晶體。這組神經又細分兩條分支，穿過上眶隙進入眼眶。

第四對腦神經 滑車神經（運動）控制兩眼各一條上斜肌的隨意運動。滑車神經取道上眶隙進入眼眶。

第五對腦神經 三叉神經（感覺運動）各具三條分支（眼神經、上頜神經和下頜神經）。這組神經傳達來自面部的感受，並控制涉及咀嚼、啃咬和吞嚥動作的肌肉。三條分支分別穿過不同開孔離開顱骨，眼神經穿過上眶隙，上頜神經穿過蝶骨正圓孔，下頜神經則穿過蝶骨卵圓孔。

第六對腦神經 外旋神經（運動）控制兩眼各一條外直肌的隨意運動。外旋神經取道上眶隙進入眼眶。

第七對腦神經 面部神經（感覺運動）把舌頭前三分之二段的味蕾傳來的資訊傳遞給腦，並調節唾液腺（腮唾液腺除外）的唾液生成作用。面部神經還調節淚腺的淚水生成作用，並控制面部肌肉和鐙骨肌。鐙骨肌相當纖小，負責穩固中耳鐙骨。這組神經穿過顳骨的內耳道和面神經管，從莖乳突孔穿出。

第八對腦神經 聽神經（感覺）把耳朵和耳中感官傳來的聽覺和平衡相關資訊轉達給腦，讓我們能夠感測頭部的姿勢和運動。聽神經從兩側顳骨的內耳道穿過，分叉成兩大分支，稱為耳蝸神經和前庭神經。

第九對腦神經 舌咽神經（感覺運動）控制職司吞嚥的肌肉（莖咽肌），傳遞從舌頭後三分之一段傳來的味道相關感覺資訊，以及從口部與中耳傳來的觸覺、溫覺和痛覺相關資訊。吞咽神經包含職司調節腮腺唾液分泌的副交感纖維，從顱底的頸靜脈孔穿出。

第十對腦神經 迷走神經（感覺運動）是唯一從頭部底下穿入頸、胸和腹部的腦神經。迷走神經調節許多自主功能，如心率、呼吸和腸道消化液分泌作用，範圍含上腸道和結腸的前三分之二段落（最遠達到脾彎部分）。這組腦神經通往舌

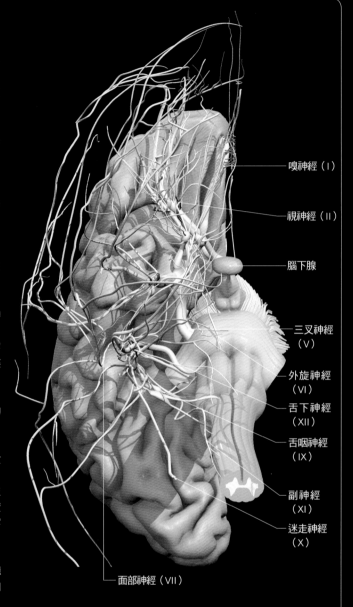

嗅神經（Ⅰ）

視神經（Ⅱ）

腦下腺

三叉神經（Ⅴ）

外旋神經（Ⅵ）

舌下神經（Ⅻ）

舌咽神經（Ⅸ）

副神經（Ⅺ）

迷走神經（Ⅹ）

面部神經（Ⅶ）

頭的顎舌肌，職司講話並處理從會厭味蕾傳來的味道感受。迷走神經從顱底頸靜脈孔穿出。

第十一對腦神經 副神經（運動）控制兩條職司頭、頸和肩部運動的骨骼肌（胸鎖乳突肌和斜方肌）。副神經從顱底取道枕骨大孔進入頭顱，接著經由頸靜脈孔穿出顱骨。

第十二對腦神經 舌下神經（運動）控制舌頭肌肉（顎舌肌除外）和職司吞嚥、講話的其他肌肉的運動。這組神經從頭顱枕骨部位的舌下神經管穿過。

脊神經

脊髓有 31 對神經伸出，通往身體不同部位。感覺纖維從你的脊髓後側（背側）伸出，和由前側（腹側）伸出的運動纖維相連。

神經功能

脊神經把身體傳來的感覺資訊轉發給腦，並把隨意、不隨意活動相關運動指令派送回來。

神經叢

從脊髓（分支）伸出並分布支配雙臂、雙腿的神經，合併形成複雜的連接點，稱為神經叢。頸神經叢見於頸部，見右圖；肱神經叢位於肩部；腰神經叢見於下背部位；薦神經叢和尾神經叢都位於骨盆處，見對頁。神經叢也依循次級神經發送信息。

肱神經叢連通上肢，通常由較低四對頸脊神經（第五、六、七、八對）和第一對胸脊神經的腹側支共同形成。

反射

突觸延擱（見 P.63）代表一路回傳到腦的刺激，會稍微延擱才產生反應。但有時為求生存必須即時反應，所以若干自主反射動作便發生在脊神經層級。就這種情況，感覺神經元取道一條短小的中間神經元來和運動神經元相連，這就構成一道反射弧。舉例來說，你的手觸及火燄會馬上抽回，這其中涉及一道反射弧——在疼痛訊號沿脊髓向上傳抵腦部之前好幾毫秒，你的手指已迅速抽回。

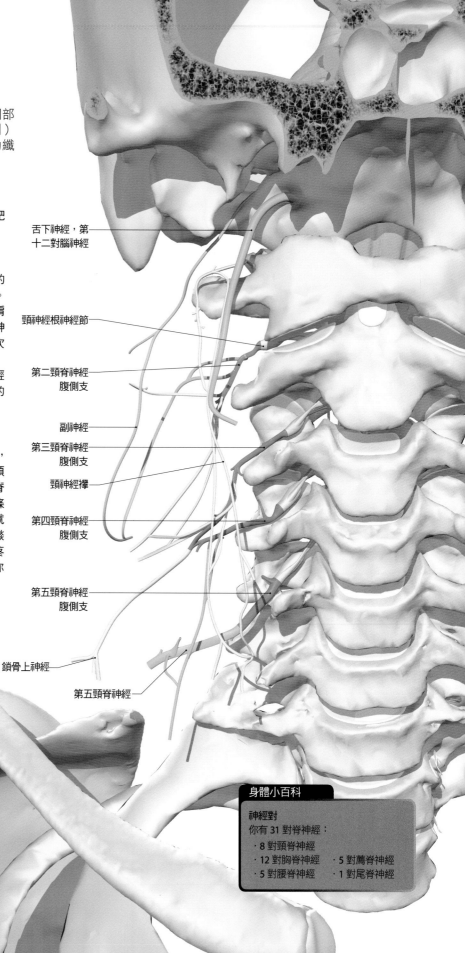

舌下神經，第十二對腦神經

頸神經根神經節

第二頸脊神經腹側支

副神經

第三頸脊神經腹側支

頸神經襻

第四頸脊神經腹側支

第五頸脊神經腹側支

鎖骨上神經

第五頸脊神經

身體小百科

神經對

你有 31 對脊神經：

- 8 對頸脊神經
- 12 對胸脊神經
- 5 對薦脊神經
- 5 對腰脊神經
- 1 對尾脊神經

腰神經

腰部有五對神經。前四對連往腰神經叢，第四的部分和第五對則連往薦神經叢。這群神經通往下腹壁和大腿與小腿的若干部位。

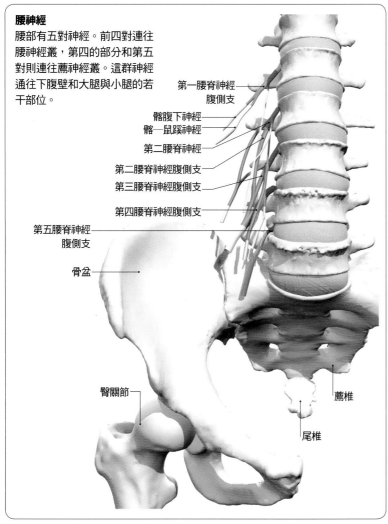

第一腰脊神經腹側支
髂腹下神經
髂—鼠蹊神經
第二腰脊神經
第二腰脊神經腹側支
第三腰脊神經腹側支
第四腰脊神經腹側支
第五腰脊神經腹側支
骨盆
臀關節
薦椎
尾椎

薦神經叢和尾神經叢

這裡有兩處複雜神經連結點：薦神經叢和尾神經叢。這群神經連往大腿、臀部和小腿，還通往鼠蹊部和生殖器部位。坐骨神經的走向朝下通往下肢，也是身體最長的神經。

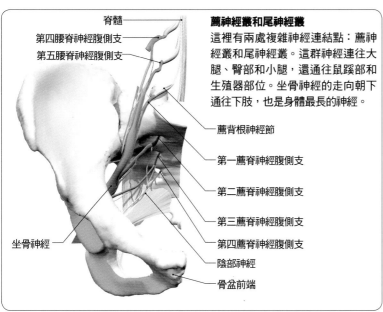

脊髓
第四腰脊神經腹側支
第五腰脊神經腹側支
薦背根神經節
第一薦脊神經腹側支
第二薦脊神經腹側支
第三薦脊神經腹側支
第四薦脊神經腹側支
陰部神經
骨盆前端
坐骨神經

神經皮節

每條脊神經分別分叉並又細分為好幾個分支，各自連往身體的不同部位。各脊神經分布支配的皮膚可以描畫界定出明確的範圍，稱為神經皮節。以下圖示的彩色線條顯示，源出脊髓的群群神經如何通行並繞過身體來到前側。

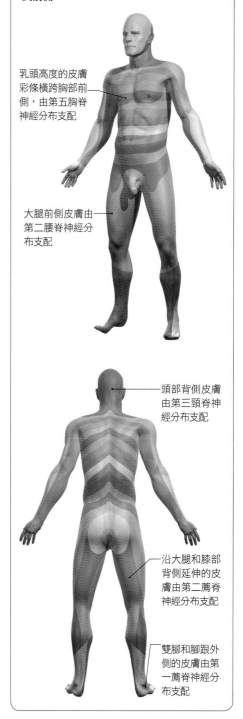

乳頭高度的皮膚彩條橫跨胸部前側，由第五胸脊神經分布支配

大腿前側皮膚由第二腰脊神經分布支配

頭部背側皮膚由第三頸脊神經分布支配

沿大腿和膝部背側延伸的皮膚由第二薦脊神經分布支配

雙腳和腳跟外側的皮膚由第一薦脊神經分布支配

眼和視覺（一）

你的雙眼能區辨超過十萬種顏色，每種顏色可以展現 150 種不同色相，這表示你能夠辨識多達千萬種不同色澤。你的雙眼能感受的最亮和最暗光訊號的差距是以十億倍率來計算，而且不管哪種亮度一經減弱，你的視覺敏銳程度都會提增百萬倍。

視物

光線通過瞳孔進入你的眼睛，穿透水晶體時再經折射。水晶體會改變形狀，於是你所見事物的影像便經聚焦且上下顛倒映現在視網膜上。

你兩眼所見影像稍有不同，視野也有部分重疊。這種雙眼（或立體）視覺能產生三維（深度）感受，於是你才能判斷自己距離物品多遠。

視網膜含兩類細胞：一類感測黯淡光線，卻只能見到黑白影像（視桿），另一類能產生彩色視覺，卻只能在亮光下視物（視錐）。這群細胞受光線刺激時，便向皮質發出訊號，訊號經詮釋為黯淡光線或明亮的彩色光線。

要觀看遠方物品時，睫狀肌便鬆弛，水晶體也變扁、變薄。要觀看近物時，睫狀肌便收縮，水晶體也變厚，這種作用稱為視覺調節。

你感受的影像許多都得靠腦來詮釋資訊，並根據先前的經驗來做出種種假設。當腦對視覺資訊的詮釋方式與事實相左，這時就會發生視錯覺。

瞳孔
虹膜中央的開孔，呈黑色。眼前物品反射的光線通過瞳孔進入眼中，接著才穿透水晶體。瞳孔大小決定進入眼中的光量。瞳孔大小由虹膜的擴張肌和括約肌負責控制。

虹膜
位於水晶體和角膜間的薄膜，中央為瞳孔。虹膜一般具有深濃色素，顏色從棕色到綠色，乃至於藍、灰和淡褐色都有。虹膜色彩取決於黑色素的濃度和位置，基因遺傳也有影響。虹膜根據光量高低讓瞳孔放大或縮小。

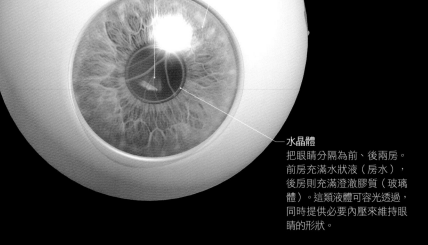

水晶體
把眼睛分隔為前、後兩房。前房充滿水狀液（房水），後房則充滿澄澈膠質（玻璃體）。這類液體可容光透過，同時提供必要內壓來維持眼睛的形狀。

視桿和視錐

兩類光敏細胞（光受體）能接受光的能量刺激，稱為視桿和視錐，並發送訊號到腦中視覺皮質進行分析。視桿能感測黯淡光線，不過只能看到黑白影像。視桿主要分布於視網膜上的一個黃點（直徑約 1.5 公釐），稱為黃斑，職司微細視覺。視錐比視桿寬闊、渾圓，負責明亮光照情況的彩色視覺。視錐遍布視網膜，黃斑中央小凹處（中央窩）特別密集。視錐具三類，所含色素分對綠、紅、藍光波長做反應。這三色的不同組合讓你感受到變化多端的不同色彩。

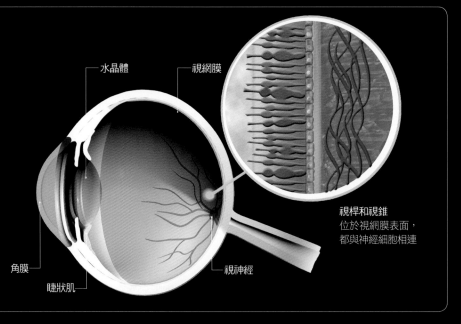

水晶體

視網膜

角膜

睫狀肌

視神經

視桿和視錐
位於視網膜表面，都與神經細胞相連

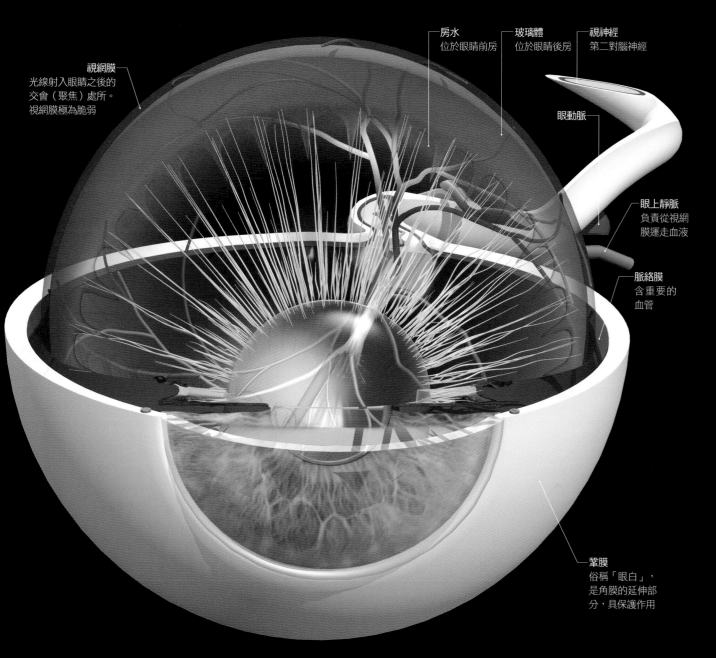

視網膜
光線射入眼睛之後的交會（聚焦）處所。視網膜極為脆弱

房水
位於眼睛前房

玻璃體
位於眼睛後房

視神經
第二對腦神經

眼動脈

眼上靜脈
負責從視網膜運走血液

脈絡膜
含重要的血管

鞏膜
俗稱「眼白」，是角膜的延伸部分，具保護作用

眼球

位於顱骨眼眶裡面，是形狀稍不規則的球狀體，直徑約 24 公釐。水晶體把眼睛分隔兩房：前房充滿水狀液（房水），後房則充滿澄澈膠質（玻璃體）。這類液體可容光透過，同時提供必要內壓來維持眼睛的形狀。眼球外壁主要分三層：
· 外側纖維層，由透明的角膜和不透明的白色鞏膜組成。
· 中間血管層，含虹膜、睫狀體和脈絡膜，所含血管負責為眼睛組織提供氧氣和養分。
· 內層視網膜，含感測光線的光敏細胞（視桿和視錐）。

身體小百科

視覺

· 參與視覺作用的種種結構，共同組成腦中最大的系統。
· 視覺皮質所含神經元以不等速率成熟——新生嬰兒起初只能感受簡單的黑白形狀和角度，隨後才能辨識比較複雜的圖案和顏色，如人的臉。
· 儘管你的視桿和視錐總數約為 1.26 億，從你的視網膜通往腦的軸突卻只有 120 萬條。因此每條軸突都負責傳輸約 100 個光受體細胞處理的資訊。
· 每 30 人約有一人是色盲。男性比較常見色盲，每 12 人中就有一人。

眼和視覺（二）

眼睛外部是設計用來保護整個眼睛，其中尤以角膜最為重要。產淚裝置和眼瞼、睫毛共同形成眼睛的附屬結構。

外眼

在精巧的眼球外側，是一套設計用來保護眼球不受損傷的結構。上、下眼瞼緊閉能保護結膜。睫毛是強韌的毛髮，能防範異物觸及眼睛表面。

眼瞼具皮脂腺（負責生產油脂），能製造一種富含脂質的物質，預防眼瞼黏合在一起。

淚器職司製造、分配並移除淚水。淚器的組成包括淚腺暨相關管道、成對的淚小管、一個淚囊和一條鼻淚管。

淚腺每日約生產 1 毫升淚水。眨眼把淚水掃過眼睛表面，淚水會累積並流經鼻淚管進入鼻腔。當生產速率高於管道疏導容量，淚水就會溢流漫上臉頰。

淚水含黏液能潤滑眼睛，還有溶菌酶（一種抗菌物質）和能預防感染的抗體。

觸發淚水過量生產的情況包括外物進入眼睛、身體其餘部位感到疼痛或者爆發極端情緒。

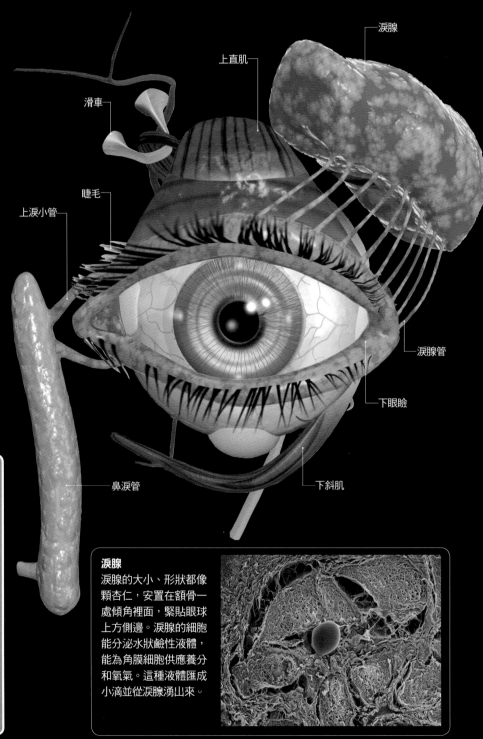

上直肌
滑車
睫毛
上淚小管
鼻淚管
淚腺
淚腺管
下眼瞼
下斜肌

身體小百科

看見世界

· 你的雙眼靠淚水清洗作用來保持潮濕、潤滑及不受感染。

· 你每分鐘約眨眼 15 次，把淚水塗敷在眼球表面。

· 人類是唯一一會在傷心時哭出過剩淚水的動物。

· 你每眼各約有六百萬個視錐和一億兩千萬個視桿。

· 你的雙眼能感測到 1.6 公里外一根點燃的蠟燭。

· 每眼都含一個生理盲點，光線照到這點是感測不到的。這是由於視網膜的視盤不具光受體細胞，從各個視桿和視錐伸出的神經細胞，都在這裡會合形成視神經。

· 每個人都有一眼用得較另一眼多，這眼就是優勢眼，你看照相機的觀景窗或穿針時都用這眼。

淚腺

淚腺的大小、形狀都像顆杏仁，安置在額骨一處傾角裡面，緊貼眼球上方側邊。淚腺的細胞能分泌水狀鹼性液體，能為角膜細胞供應養分和氧氣。這種液體匯成小滴並從淚腺湧出來。

動眼肌群

各眼外表鞏膜都附著了六條眼外肌，這群肌肉讓眼球在眼窩裡運動。每條肌肉都有神經相連（並受其支配），分別源自特定腦神經（見 P. 74-75）。雙眼運動都經協調，能朝同一方向觀看。

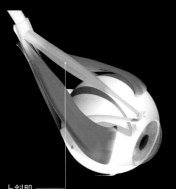

上斜肌
讓眼頂朝鼻子轉動，讓眼睛向下並朝外運動；這條肌肉通過滑車（一種環狀肌腱，作用就像滑輪），附著於眼睛。

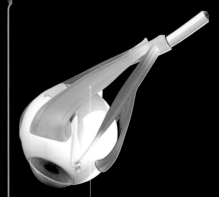

上直肌
讓眼睛向上運動，轉動眼頂朝鼻子頂部旋轉並讓眼睛朝內運動。

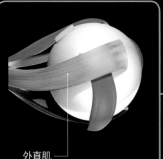

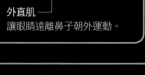

外直肌
讓眼睛遠離鼻子朝外運動。

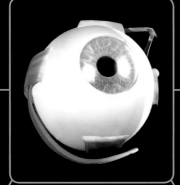

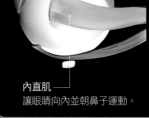

內直肌
讓眼睛向內並朝鼻子運動。

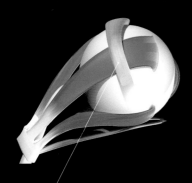

下斜肌
讓眼頂轉動遠離鼻子，讓眼睛向上並朝外運動。

下直肌
讓眼睛朝下運動，轉動眼頂遠離鼻子並讓眼睛朝內運動。

觸覺

你的皮膚含好幾種能夠感測輕觸、持續壓力、冷暖或疼痛的神經末梢。有些感覺接受器只是簡單的神經末梢,好比毛髮運動感測受體,另有些的結構就比較複雜。

感覺和中樞神經系統

感覺接受器是負責向中樞神經系統傳遞環境資訊的管道。每種受體(針對觸、痛、熱等感受)分具特有敏感度。刺激傳達時可能分具多種型式——物理力、溶解的化學物質,以及聲、光等。資訊的最終目的地就要看位置和本質而定。有些感覺在脊髓層級處理,另有些則一路傳導直抵腦部,進入感覺皮質進行「轉譯」。受體接收的資訊,約只有 1% 真正進入我們的意識察覺範圍。

冷熱感覺

溫度受體是游離的神經末梢,見於皮膚、骨骼肌和肝臟。冷覺受體數量三倍於暖覺受體;低溫感覺和痛覺採行同一條傳導通路。受體很快得知溫度改變,溫度達穩定水平時也能很快適應(也就是說不再放電)。試舉一例,當你進入空調房間,起初會覺得寒冷,但接著就會覺得舒適。

呵癢和發癢

這類感覺和觸覺與痛覺非常相像。呵癢是輕搔皮膚引發的感覺。這種感覺也牽涉到心理因素,而且個別差異很大。發癢大概是相同受體引發的,而且有可能極端不快。

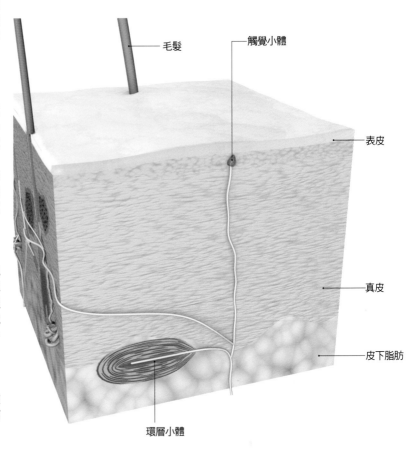

毛髮 — 觸覺小體

表皮

真皮

皮下脂肪

環層小體

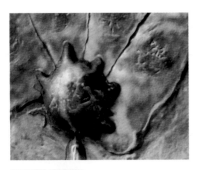

梅克爾氏觸覺盤

這是一種觸覺受體,能感測無毛皮膚區所受輕觸。另一類雷同觸覺受體稱為「魯菲尼氏小體」,這類寬闊紡錘形的神經末梢能感測皮膚伸展和關節運動。

梅斯納氏觸覺小體

緊貼表皮底下,屬於無絕緣(無髓鞘)神經末梢,四周由一纖維狀囊包覆。相當輕微的壓力就能改變囊形,因此這類神經末梢才能感測溫和的碰觸和毛髮運動。這類小體大量分布於指尖、掌心、腳底、脣、舌、眼瞼、乳頭和生殖器等敏感皮膚部位。若刺激反覆出現,小體就不再向腦發送訊號。比如戴上手套過一會,就不會再感覺皮膚上罩著手套。

巴齊尼氏環層小體

這類小體位於脂肪皮下層內的真皮底下。巴氏小體屬於無絕緣(無髓鞘的)神經末梢,四周由一個充滿流質的卵形內泡包覆。內泡環疊 20–60 層,由修飾過的許旺神經膠細胞組成(見 P.61)。強壓會改變泡形,於是神經末梢才能感測穩定的或快速的碰觸和振動。這類小體大量分布於腸道、關節和肌肉附近以及膀胱壁內。

疼痛

一種不快的感覺和情緒經驗，和組織的實際或潛在損傷有連帶關係。疼痛是一種主觀體驗，嚴重程度不一定與組織所受損傷程度相符。

疼痛感覺是身體組織的周邊神經末梢（稱為傷害受體）受到刺激引發的，這種刺激有多種型式，可以是傷害、發炎、感染或其他疾病。有些傷害受體能感測溫度，有些則感測壓力或損傷，另有些則感測是否存有特定化學物質，比方辣椒所含辣椒素。有些傷害受體反應非常靈敏，遇極輕微刺激就會發出疼痛警示，另有些則較不敏感，唯有遇到割、刺或燒灼等劇烈刺激才會活化。

傷害受體受刺激便觸發一道電信息（動作電位，見 P.62），信息上傳至脊髓並經轉發送往腦部。軸突外覆髓鞘的傷害受體（δ 纖維）以每秒 20 公尺速度發送疼痛信息，而軸突不帶髓鞘的傷害受體（C 纖維）則以每秒 2 公尺速度傳遞信息。因此疼痛感覺有兩個階段：最初的劇痛，這有可能取道脊神經觸發反射反應（見 P.76），隨後很快就是一陣比較緩慢也沒那麼強烈的感覺。

身體小百科

感覺是怎麼來的？

· 根據估計你手上有 17,000 個觸覺受體。
· 每個指尖各約有 1,500 個梅斯納氏小體、75 個巴齊尼氏小體和 75 個魯菲尼氏小體。
· 以兩個尖銳物品碰觸你的指尖，若兩點相隔 1 公釐，你會覺得只有一點，若是相隔 2-3 公釐，你就能分出兩點。
· 隨著年齡增長，梅斯納氏小體數量也跟著遞減，你的皮膚也變得沒那麼敏感。
· 溫度超過攝氏 42 度，你就會感到疼痛。

轉移痛

從皮膚和腸子伸出的神經纖維進入中樞神經系統便會合在一起，因此疼痛源頭不見得都很明確。

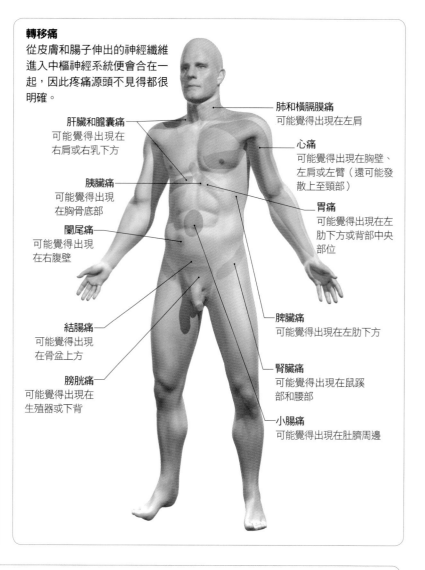

肝臟和膽囊痛
可能覺得出現在右肩或右乳下方

胰臟痛
可能覺得出現在胸骨底部

闌尾痛
可能覺得出現在右腹壁

結腸痛
可能覺得出現在骨盆上方

膀胱痛
可能覺得出現在生殖器或下背

肺和橫膈膜痛
可能覺得出現在左肩

心痛
可能覺得出現在胸壁、左肩或左臂（還可能發散上至頸部）

胃痛
可能覺得出現在左肋下方或背部中央部位

脾臟痛
可能覺得出現在左肋下方

腎臟痛
可能覺得出現在鼠蹊部和腰部

小腸痛
可能覺得出現在肚臍周邊

感覺雛型人

身體某些部位會比其他部位與更多感覺神經元相連。這群神經元在腦中占據的相對空間能以雛型人來代表，由此就能看出，脣、手、腳和生殖器是最富含感覺神經元的部位。感覺神經元見於大腦皮質中央後回（下圖）。從右圖的大腦皮質橫切面彩圖可以看出各種感覺分別在哪裡感受。

利手（慣用手）也由大腦皮質控制。右利人士多半以左腦為優勢半球，負責控制邏輯和講話，至於右腦半球則能產生虛構和創造性思想，負責處理形狀感受和感覺。

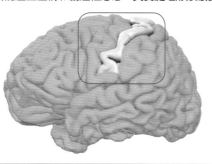

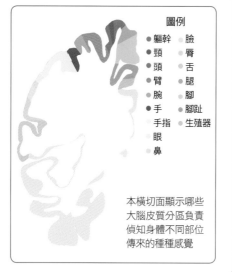

圖例

· 軀幹　· 臉
· 頸　　· 脣
· 頭　　· 舌
· 臂　　· 腿
· 腕　　· 腳
· 手　　· 腳趾
· 手指　· 生殖器
· 眼
· 鼻

本橫切面顯示哪些大腦皮質分區負責偵知身體不同部位傳來的種種感覺

鼻子和嗅覺

你的嗅覺產生自嗅覺器官的化學受體，嗅覺器官配對分置於鼻隔兩邊的鼻腔。
化學受體（負責採樣體驗氣味分子的感覺接受器細胞）觸發神經訊號，取道嗅
神經向腦傳送，抵達位於額葉皮質下方分列兩側的嗅球。接著信息經轉發傳向
腦部邊緣系統，由所屬嗅覺皮質來詮釋氣味。

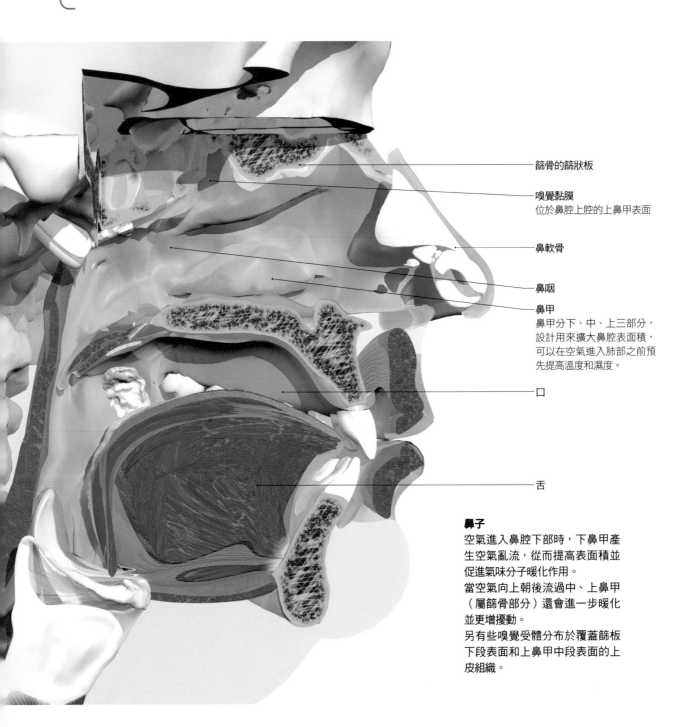

篩骨的篩狀板

嗅覺黏膜
位於鼻腔上腔的上鼻甲表面

鼻軟骨

鼻咽

鼻甲
鼻甲分下、中、上三部分，
設計用來擴大鼻腔表面積，
可以在空氣進入肺部之前預
先提高溫度和濕度。

口

舌

鼻子
空氣進入鼻腔下部時，下鼻甲產
生空氣亂流，從而提高表面積並
促進氣味分子暖化作用。
當空氣向上朝後流過中、上鼻甲
（屬篩骨部分）還會進一步暖化
並更增擾動。
另有些嗅覺受體分布於覆蓋篩板
下段表面和上鼻甲中段表面的上
皮組織。

鼻子比一比

· 你每個嗅覺受體細胞分別伸出 10-30 條纖毛。

· 嗅覺受體神經元在你一輩子都會不斷生成，並向嗅球伸出新的軸突，這點和其他神經元都不相同。

· 腦電活動的不同組合讓你能夠感測 4 萬到 10 萬種不同氣味，而其實你只有千種不同的嗅覺受體。

· 食物味道約 80% 得自味覺。

· 飢餓會提高你的嗅覺能力。

· 女性的嗅覺比男性敏銳，排卵時特別靈敏。

· 若氣味持續出現，你的腦就會很快習慣，不再感測那種氣味。

· 你的嗅覺隨年齡減弱。

· 不能聞到東西的病症稱為嗅覺缺失症。

嗅神經

感覺神經元的軸突構成 15–20 條嗅神經，合稱腦神經 I。這批嗅神經穿行通過篩狀板（帶有連串開孔的篩骨），伸達兩側額葉皮質下方的嗅球（見 P.68）。接著信息經轉發傳往位於腦部邊緣系統的嗅覺皮質（見 P.71）。

嗅聞

呼吸把空中微粒和氣體吸進上鼻甲，吸氣嗅聞動作還能強化這種歷程來感測微弱的氣味。吸入的芳香分子就是氣味，能溶於嗅覺上皮黏膜，供纖小的毛狀感覺神經末梢負責感測。纖毛從嗅覺受體細胞的樹突長出，伸入黏液裡面。氣味分子與纖毛的特定受體結合，各種受體只感測一種特定氣味。

根據估計，你擁有 1,200 萬個嗅覺受體細胞，約區分為 1,000 類不同氣味分子受體。每類只針對特定一群氣味分子做出反應。

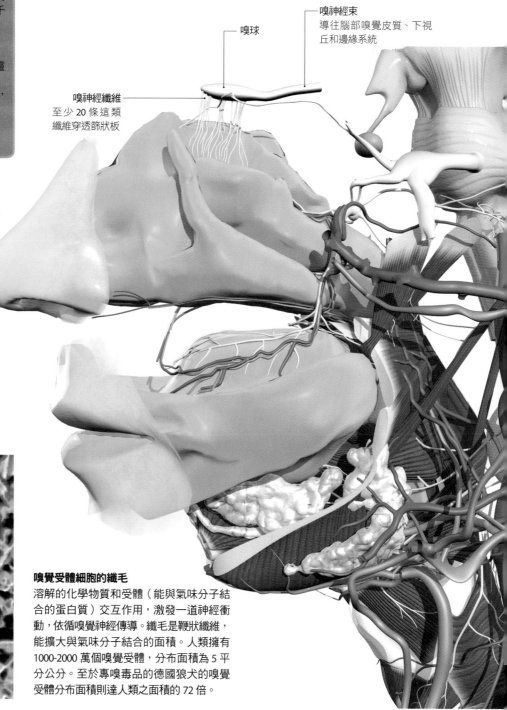

嗅球

嗅神經束
導往腦部嗅覺皮質、下視丘和邊緣系統

嗅神經纖維
至少 20 條這類纖維穿透篩狀板

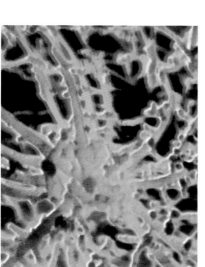

嗅覺受體細胞的纖毛

溶解的化學物質和受體（能與氣味分子結合的蛋白質）交互作用，激發一道神經衝動，依循嗅覺神經傳導。纖毛是鞭狀纖維，能擴大與氣味分子結合的面積。人類擁有 1000-2000 萬個嗅覺受體，分布面積為 5 平方公分。至於專嗅毒品的德國狼犬的嗅覺受體分布面積則達人類之面積的 72 倍。

耳朵和聽覺

耳朵分三個部分：外表可見的外耳部位、中耳和內耳。外耳聚集聲音振動並依循耳道導往鼓膜（或稱為耳鼓膜），鼓膜的運動觸發中耳三根細小骨頭的連串運動。這群鉸接的骨頭稱為聽小骨，能放大振動並傳導至內耳，經轉化為電脈衝後傳送至腦部，接著才經感受為聲音。中耳和內耳都很脆弱，由組成頭顱的骨頭來保護。

身體小百科

仔細聽好
· 你的耳蝸估計含有 15,500 個毛細胞。
· 你能區辨超過 400,000 種不同聲音。
· 年輕成人的聽力範圍為 20-20,000 赫茲，年齡增長之後，範圍便縮減至 50–8,000 赫茲左右。
· 你的腦能擇選調校聲響，專注於人群中的某一個聲音。
· 響度以分貝（dB）來測度；超過 130dB 的聲音振動會損傷耳朵，因此會引發疼痛。
· 你的歐氏管（即耳咽管）連接中耳和咽，能在吞嚥、呵欠時平衡鼓膜兩側的壓力。

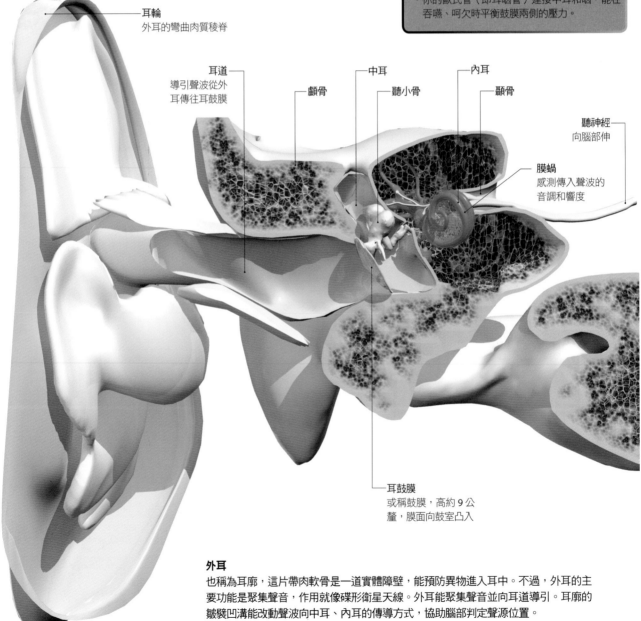

耳輪
外耳的彎曲肉質稜脊

耳道
導引聲波從外耳傳往耳鼓膜

顳骨

中耳

聽小骨

內耳

顳骨

聽神經
向腦部伸

膜蝸
感測傳入聲波的音調和響度

耳鼓膜
或稱鼓膜，高約 9 公釐，膜面向鼓室凸入

外耳
也稱為耳廓，這片帶肉軟骨是一道實體障壁，能預防異物進入耳中。不過，外耳的主要功能是聚集聲音，作用就像碟形衛星天線。外耳能聚集聲音並向耳道導引。耳廓的皺襞凹溝能改動聲波向中耳、內耳的傳導方式，協助腦部判定聲源位置。

中耳

中耳內含三根聽小骨：依形狀分別命名為槌骨、砧骨和鐙骨。這三根是人體最細小的骨頭，扮演從耳鼓膜向內耳傳導聲音的角色。內耳的感覺結構四周包覆液體，聲波在液體中傳導比在空氣中困難。聲音從耳鼓膜傳入，由聽小骨放大振動，傳往鐙骨後方一處以薄膜覆蓋的開口，稱為卵圓窗。

鼓膜張肌穩固槌骨以抑制咀嚼產生的振動。鐙骨肌紓解鐙骨的過度運動，從而控制向內耳傳導的聲波振幅。

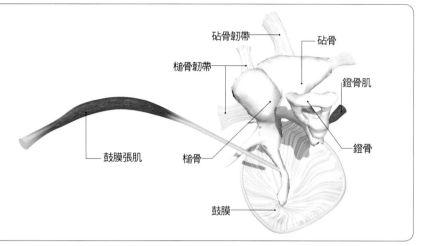

砧骨韌帶 — 砧骨
槌骨韌帶 —
鐙骨肌
鼓膜張肌 — 槌骨 — 鐙骨
鼓膜

聲音的傳導

耳蝸被一種充滿液體的耳蝸管所縱向區分。耳蝸管內含柯蒂氏器，柯蒂氏器以聲音敏感受體組成，附著於一層基底膜上。聲音受體細胞表面具靜纖毛，這是一種毛髮狀突起，與一種懸垂覆膜相觸（見右下）。聲音向內耳傳導促使耳蝸管基底膜產生振動，引發毛細胞刷過懸垂覆膜，讓靜纖毛折彎。接著受體取道聽神經向腦發送一道訊號，經腦詮釋為一陣聲音。聲波頻率決定振動會沿膜傳導多遠，依此決定哪群聲音受體受刺激。由於毛細胞分別位於基底膜不同部位，每顆毛細胞分就單一頻率產生最佳反應。

動作

平衡器官見於內耳，其組成部位含負責感測橫向運動的橢圓囊、感測縱向運動的球囊，還有感測旋轉運動的三半規管。這三部分都含內淋巴液。

三半規管彼此垂直。各管一端都有一個膨大部位（壺腹），內含一叢毛細胞。每個毛細胞表面分具 30–150 根毛狀突起（靜纖毛）。毛細胞一端嵌入一種凝膠結構（頂帽），另一端則連往聽神經（腦神經 VIII）。橢圓囊和球囊都含毛細胞，上面有一層內嵌微細碳酸鈣晶體的薄膜。這種晶體稱為耳石，任何方向的運動都會讓耳石移位。當耳石擦碰毛細胞，導致靜纖毛移位，這時就能感測運動。耳石對重力的拉扯也很敏感，這能幫頭部反射矯正姿勢和空間方位。

一直轉圈圈的動作（旋轉加速度）會導致壺腹所含內淋巴朝反向打旋轉動。這會讓頂帽變形，折彎毛細胞，從而向小腦發出信息，並由腦部詮釋為轉動運動。

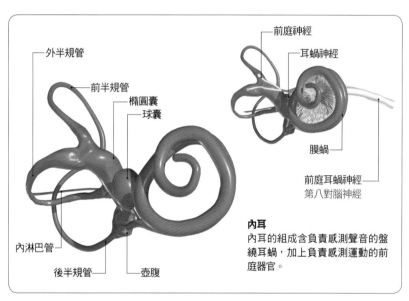

外半規管
前半規管
橢圓囊
球囊
前庭神經
耳蝸神經
膜蝸
前庭耳蝸神經
第八對腦神經
內淋巴管
後半規管
壺腹

內耳

內耳的組成含負責感測聲音的盤繞耳蝸，加上負責感測運動的前庭器官。

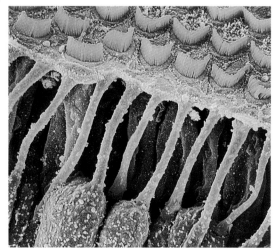

內耳的感覺毛細胞

藉由刺激毛細胞末端的靜纖毛突起（粉紅和棕色部分），耳朵把聲波轉成神經衝動。聲波讓耳內液體移位，導致毛細胞彎曲，產生神經衝動，取道聽覺神經傳往腦部。

舌頭和味覺

味覺就是我們對味道的感受，味蕾是你口內的化學受體（化學接受器），主要分布於舌上。味蕾負責感測五種基本味道：苦、甜、鹹、酸和鮮。鮮味是新近才獲得認可的味覺，名稱源自日語。鮮味由穀氨酸和天冬氨酸等特定胺基酸觸發。第六種味覺稱為「油脂味」，或許可納入這個類別；這種味道由亞油酸等特定飲食用脂肪酸觸發。

味覺怎麼來的

研究人員逐漸相信，味覺完全不是由一個個基礎「建構模塊」構成的，而是牽涉到味道感受的一種連續譜，就像色彩視覺的情況。味道的其他微細差異得自你對不同層面的感覺，包括氣味、質地、溫度、澀、辛辣、清涼（如薄荷）、麻、刺激感、金屬味，以及醇厚味，加上你的視覺和聽覺刺激的輸入。

味蕾資訊由好幾條腦神經帶往腦部（見P.74）。接著在額葉皮質又添入有關食物的質地、氣味和類似辣椒的辛辣感覺資料並做轉譯。

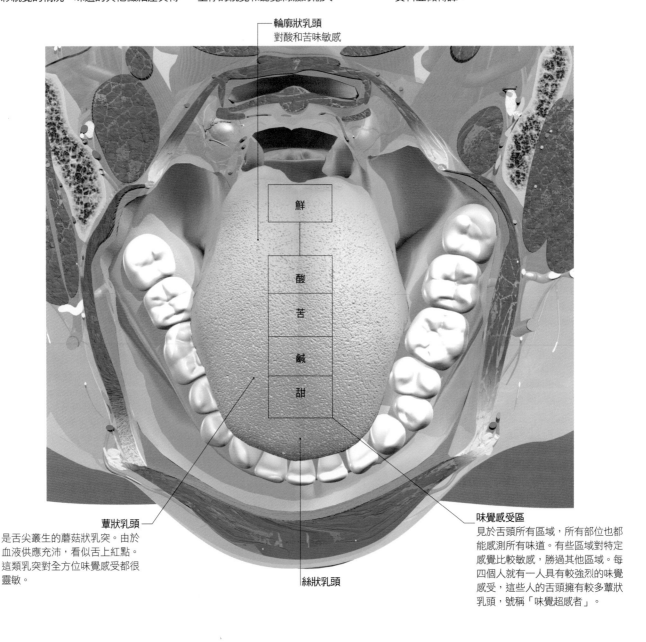

輪廓狀乳頭
對酸和苦味敏感

鮮

酸
苦
鹹
甜

蕈狀乳頭
是舌尖叢生的蘑菇狀乳突。由於血液供應充沛，看似舌上紅點。這類乳突對全方位味覺感受都很靈敏。

絲狀乳頭

味覺感受區
見於舌頭所有區域，所有部位也都能感測所有味道。有些區域對特定感覺比較敏感，勝過其他區域。每四個人就有一人具有較強烈的味覺感受，這些人的舌頭擁有較多蕈狀乳頭，號稱「味覺超感者」。

舌肌

舌內肌的纖維採垂直、縱長以及橫向分布。舌外肌（舌骨舌肌、莖舌肌、頦舌肌和頦舌骨肌）協助舌頭運動以執行講話、咀嚼和吞嚥動作。

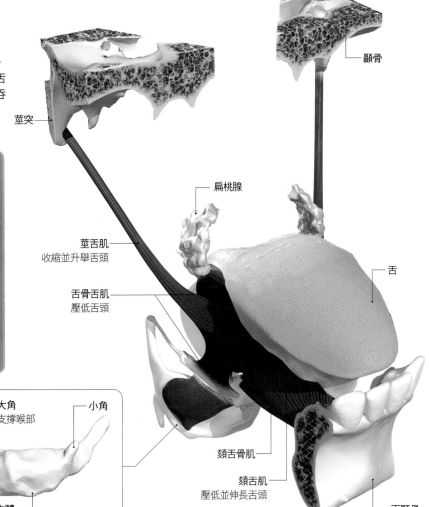

顳骨

莖突

扁桃腺

莖舌肌
收縮並升舉舌頭

舌骨舌肌
壓低舌頭

舌

頦舌骨肌

頦舌肌
壓低並伸長舌頭

下顎骨

舌骨

一塊 U 形骨頭，位於下顎骨後下方。全身骨骼當中，只有舌骨並不與其他骨頭相連，而是改以頸部肌群來支撐。舌骨能穩固舌肌。

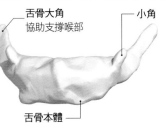

舌骨大角
協助支撐喉部

小角

舌骨本體
喉、舌和咽部肌肉的附著處

味蕾

位於舌面細小凸起（乳頭）上，味蕾的組成含一中央細孔，裡面充滿唾液，還有許多紡錘形受體細胞（味毛）蘸入唾液池中感測溶解的化學物質。信息送往腦皮質味覺區解譯。一顆味覺細胞的壽命約只有十天，隨後就被替換。

味孔
充滿唾液

味毛

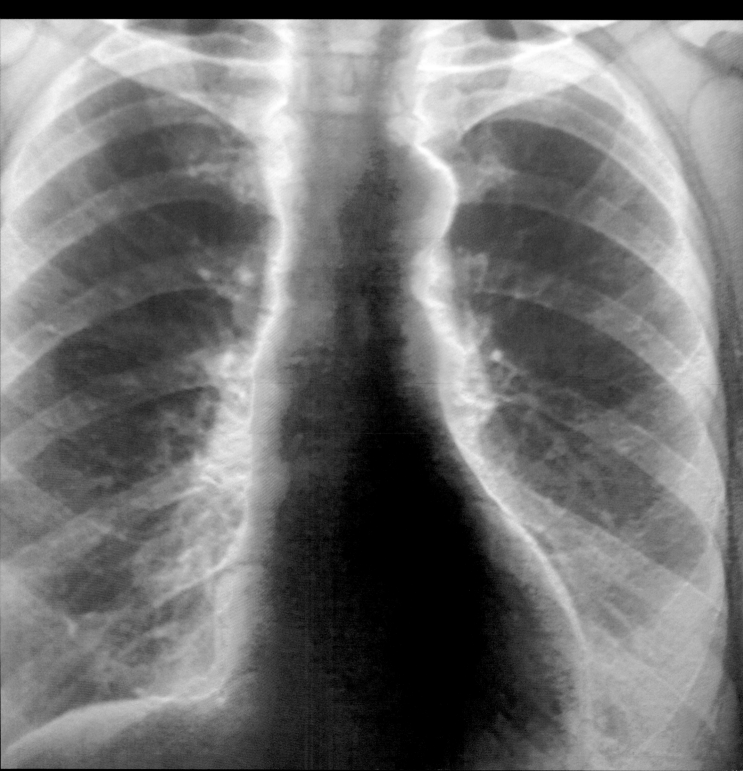

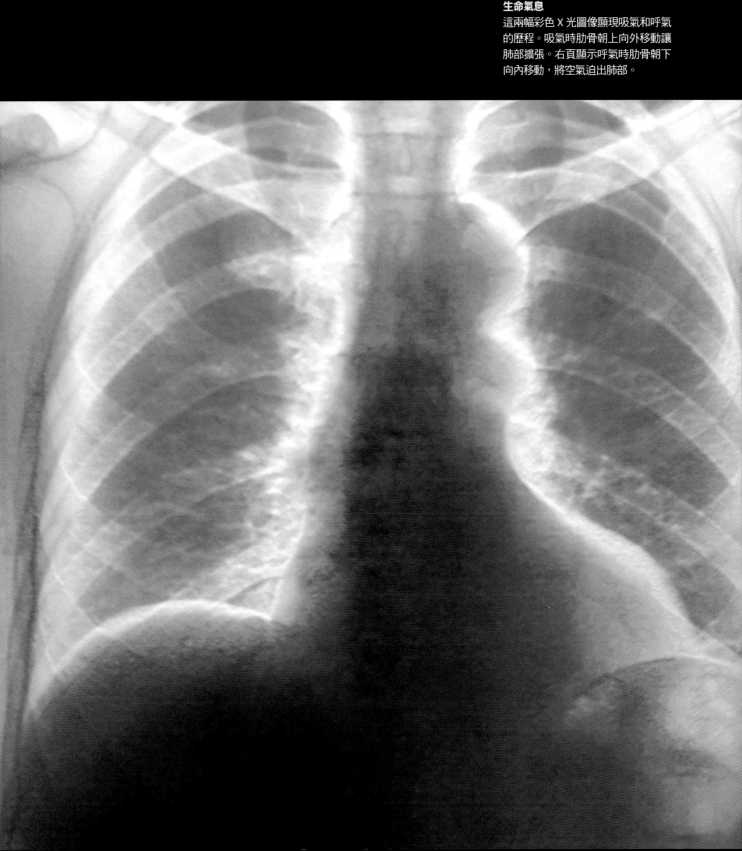

上呼吸系統

呼吸時空氣經由鼻子吸入體內，有時還取道嘴巴。
你的鼻子有兩個入口，即左、右鼻孔（鼻外孔），
中間由一道鼻隔分開。

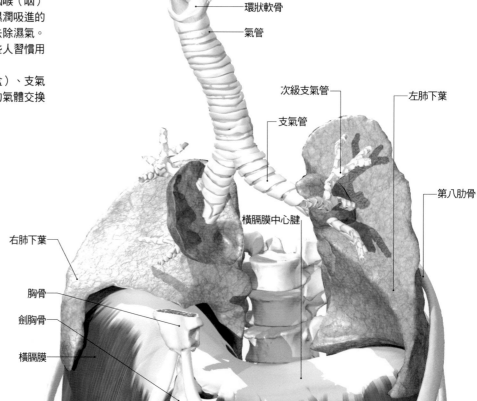

鼻子

鼻甲

鼻甲從篩骨伸入鼻腔，形成三道突架，能幫
忙捕捉空中微粒，還能擴大鼻腔的表面積。

鼻腔
鼻孔是空氣的進入通道。空氣通
過下呼吸道纖毛和黏液時會變暖
變濕；纖毛還能過濾灰塵微粒。

口腔

咽
濕暖空氣朝下流經咽喉（咽）和喉頭（聲
盒），進入下呼吸道的氣管（氣道）。

甲狀軟骨

環狀軟骨

氣管

次級支氣管

支氣管

左肺下葉

第八肋骨

橫膈膜中心腱

右肺下葉

胸骨

劍胸骨

橫膈膜

呼吸道以一組通道構成，用來傳輸空氣往返肺
部的氣體交換面。呼吸道分兩大部分：上呼吸
道和下呼吸道。
上呼吸道由鼻子、鼻腔、副鼻竇和咽喉（咽）
共同組成。這些通道過濾、加溫、濕潤吸進的
空氣，呼出的空氣也在這裡降溫並去除濕氣。
鼻子是空氣的優先入口，不過，有些人習慣用
口呼吸。
下呼吸道的組成含氣管、喉頭（聲盒）、支氣
管、細支氣管和肺泡。血液和空氣的氣體交換
全在肺泡進行。

身體小百科

哈啾！

‧ 天冷時，負責把鼻孔黏液向外掃
到喉嚨的呼吸道纖毛運作較慢，
使你開始流鼻水。
‧ 若是上呼吸系統黏膜內襯發炎
（比如肇因於病毒感染或者過
敏），就會造成鼻塞，黏液產量
也會增加。
‧ 你的聲帶和聲帶間隙合稱聲門。
‧ 打嗝的起因是橫膈膜不自主迅速
收縮，迫出空氣通過聲帶所致。
‧ 身體每天都從肺部喪失半公升的
水。

喉頭

喉頭保護氣管入口並容納聲帶。喉部以九塊軟骨組成：甲狀軟骨、環狀軟骨、會厭軟骨、兩塊瓢狀軟骨、兩塊小角軟骨和兩塊楔狀軟骨。

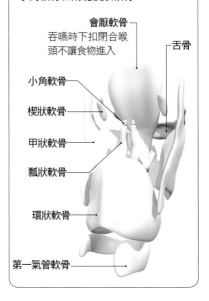

會厭軟骨
吞嚥時下扣閉合喉頭不讓食物進入

舌骨

小角軟骨

楔狀軟骨

甲狀軟骨

瓢狀軟骨

環狀軟骨

第一氣管軟骨

發聲

聲帶是由兩片橫越喉頭的黏膜皺襞構成。兩片皺襞附著於前側甲狀軟骨和背側瓢狀軟骨。聲帶休息時靜置開啟，可容吸進呼出空氣。呼氣時若聲帶閉合，空氣便從間隙流過，引起振動，並發出聲音。

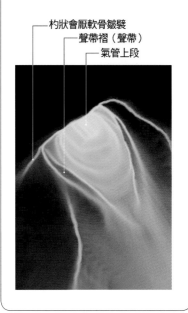

杓狀會厭軟骨皺襞
聲帶褶（聲帶）
氣管上段

呼吸反射

呼吸受腦中呼吸中樞控制。感覺資訊由幾類靈敏受體負責傳遞，有些能感測血液和腦脊髓液所含氧、二氧化碳以及酸質水平，有些能感測血壓和肺部伸展，另外還有些能感受疼痛與鼻部刺激等。這類資訊能改變呼吸模式，加減呼吸率和呼吸深度。有些反射能防止肺部吸氣過度，或減輕與刺激性化學物質的接觸程度。呼吸大半屬下意識作用，不過思考歷程和情緒也能產生影響。

咳嗽

咳嗽是肺強力釋出空氣的作用。當我們吸進微粒或因黏液過多，咳嗽受體受了刺激，這時咳嗽就能幫忙清潔氣道（氣管和支氣管）。咳嗽時一開始先深深吸氣，接著聲門（兩瓣聲帶和當中間隙）猛然閉合，把空氣陷在肺內。接著橫膈膜等呼吸肌肉強力收縮。壓力把聲門猛然迫開，產生氣爆噴發。黏液微滴（右圖）在咳嗽時噴出，同時排出細菌和塵粒。

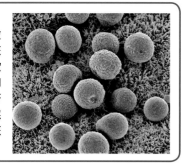

打噴嚏

當我們吸進微粒或強烈氣味或者受了感染，鼻內襯（黏膜）受了刺激，這時打噴嚏就能幫忙清潔上呼吸道。打噴嚏時一開始先大大吸氣一次或多次（哈、哈……）。聲門和雙眼都反射閉合，呼吸肌群強力收縮迫開聲門，空氣也受迫從鼻、口噴出（哈……嚏）。舌頭有可能堵上口部後方，於是噴嚏力量便經由鼻子導出。突然接觸強光也可能引發噴嚏，每三人約有一人會有這種光噴嚏反應。視神經（腦神經 II）受到過強刺激就有這種現象，導致三叉神經（腦神經 V）產生反應。這是種先天遺傳特質。

打呵欠

在胚胎發育階段就習得的不隨意動作。所有脊椎動物都會打呵欠，就算腦部損傷依然具有這種機制。據信這是血液所含二氧化碳水平高漲所觸發的不隨意吸氣，目的在把更多氧氣吸進肺中，好提高血液含氧水平。研究人員業已證實，呵欠還能冷卻流經腦部的血液。

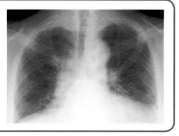

打嗝

一種橫膈膜不隨意突發收縮動作。科學家猜想這是一種返祖現象，遠溯自我們半居水中半棲陸地的兩生類祖先。打嗝會把聲門閉合，這想必能制止水分流入原始肺部，只從鰓部湧過。子宮內胎兒在羊膜液中也打嗝，這項反射說不定也經適應改變，幫助初生嬰兒在吸奶時閉合聲門，這樣母乳才不會進入肺內。打嗝由橫膈膜內負責控制肌肉活動的神經觸動。

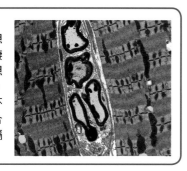

下呼吸系統

你的下呼吸系統含氣管（氣道）、左右支氣管和所屬分支細管，以及進行氣體交換的左右肺組織。

氣道

你的下呼吸道的最大氣道是氣管。氣管從喉部延伸進入胸腔上部，接著分叉形成左、右主支氣管（左右肺各一）。這種分叉位置和第四或第五胸椎骨約略齊平。右支氣管比左支氣管粗短、豎直。每側支氣管進一步細分為較小的支氣管，肺內的較小支氣管稱為細支氣管。氣管末端具氣囊（肺泡），血液就在那裡取得氧氣，卸下二氧化碳。

肺

肺含兩個錐形部分，各具狹窄肺尖和寬闊肺底。右肺具三葉，左肺則只具兩葉，騰出空間容納心臟。肺葉又細分為肺段，彼此以結締組織分隔。肺段還各自細分為小葉。

保護氣道

氣管壁和主支氣管壁都由氣管軟骨環撐開。支氣管和細支氣管含平滑肌（不隨意肌），能收縮、擴張來改變管徑。肺臟分由胸膜包覆。

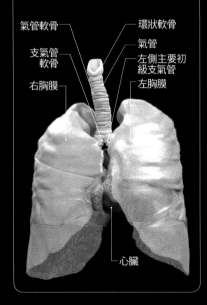

氣管軟骨　　　　環狀軟骨
支氣管軟骨　　　氣管
　　　　　　　　左側主要初級支氣管
右胸膜　　　　　左胸膜
　　　　　心臟

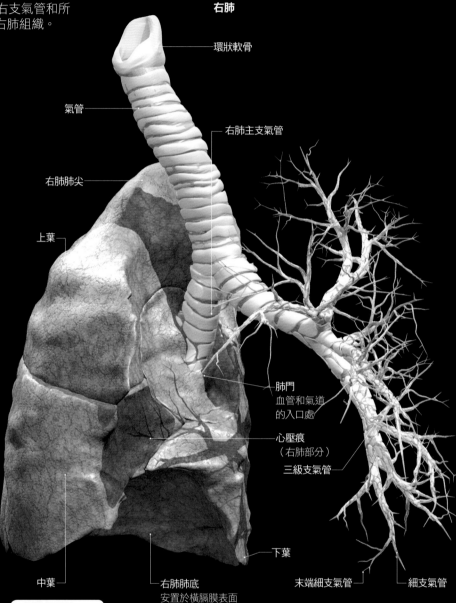

右肺

環狀軟骨
氣管
右肺主支氣管
右肺肺尖
上葉
肺門　血管和氣道的入口處
心壓痕（右肺部分）
三級支氣管
中葉
下葉
右肺肺底安置於橫膈膜表面
末端細支氣管
細支氣管

身體小百科

呼吸大小事

- 你靜止時每分鐘呼吸 12-15 次，做體力勞動時每分鐘增多至 20 或更多次。累加起來每年呼吸超過 1,000 萬次，平均一輩子超過 7 億 5 千萬次。大多數時候呼吸是一種不隨意動作。
- 新生嬰兒每分鐘約呼吸 44 次。
- 幼童每分鐘呼吸 30 次左右。
- 較大兒童每分鐘呼吸約 20 次。
- 成人呼吸最慢，靜止時每分鐘約 15 次，勞動時每分鐘呼吸 20-45 次。
- 運動員努力鍛鍊時每分鐘可達 60 或更多次。
- 咳嗽時空氣以每秒 1.5-2.9 公尺速度噴出。
- 打噴嚏時空氣噴出速度可達每秒 2.6 公里。
- 你不可能睜著雙眼打噴嚏。

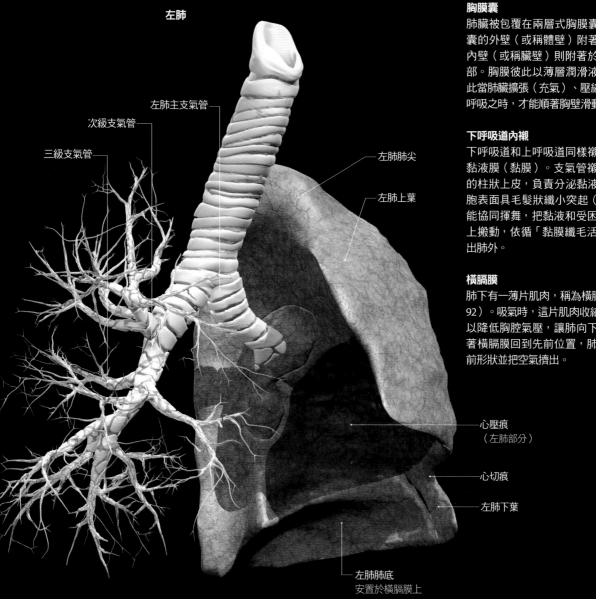

左肺

三級支氣管

次級支氣管

左肺主支氣管

左肺肺尖

左肺上葉

心壓痕
（左肺部分）

心切痕

左肺下葉

左肺肺底
安置於橫膈膜上

胸膜囊

肺臟被包覆在兩層式胸膜囊內。胸膜囊的外壁（或稱體壁）附著於胸壁，內壁（或稱臟壁）則附著於底下的肺部。胸膜彼此以薄層潤滑液分隔，因此當肺臟擴張（充氣）、壓縮（排氣）呼吸之時，才能順著胸壁滑動。

下呼吸道內襯

下呼吸道和上呼吸道同樣襯有濕潤的黏液膜（黏膜）。支氣管襯有帶纖毛的柱狀上皮，負責分泌黏液。上皮細胞表面具毛髮狀纖小突起（纖毛），能協同揮舞，把黏液和受困的微粒朝上搬動，依循「黏膜纖毛活動梯」排出肺外。

橫膈膜

肺下有一薄片肌肉，稱為橫膈膜（見 P. 92）。吸氣時，這片肌肉收縮、拉平，以降低胸腔氣壓，讓肺向下膨脹。接著橫膈膜回到先前位置，肺也恢復先前形狀並把空氣擠出。

細支氣管和氣囊

左右兩條主要支氣管進入肺中又各自細分支管。右肺主支氣管分叉形成三條次級支氣管，左肺主支氣管則分叉形成兩條。次級支氣管繼續分叉形成更細的支管，稱為細支氣管。每條管子的最後末梢部位，都構成一套微小氣囊網絡，氣體交換就在這裡進行。

這幅電子顯微圖像顯示人類肺臟段落，圖示正中是一條細支氣管的頂端，才從支氣管分叉出來。不同於呼吸系統主要氣道，細支氣管的管壁不含軟骨，也無黏膜細胞內襯。

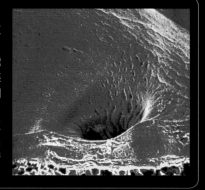

空氣成分和氣體交換

你呼吸的空氣大半是惰性氣體氮。大氣約含 21% 的氧氣，身體只擷取其中一小部分——你呼出的氣體約有 16% 是氧（足夠在口對口人工呼吸時供應氧氣）。吸進的空氣含微量二氧化碳（0.038%），呼出時所含濃度就高得多（4%）。這是由於代謝歷程會產生二氧化碳，必須予以排除以免累積達有毒程度。氣體在肺內交換時，氧氣進入你的身體，二氧化碳則排出體外。

心血管系統
CARDIOVASCULAR SYSTEM

這幅彩色掃描電子顯微圖像呈現肺中一條小動脈所含紅血球。這些兩面凹陷的碟狀細胞負責把氧從肺運往其他細胞，隨血流循環全身。紅血球還把部分二氧化碳廢氣運回肺部呼出。紅血球是血液中數量最多的細胞；紅顏色得自攜氧蛋白質，稱為血紅蛋白。

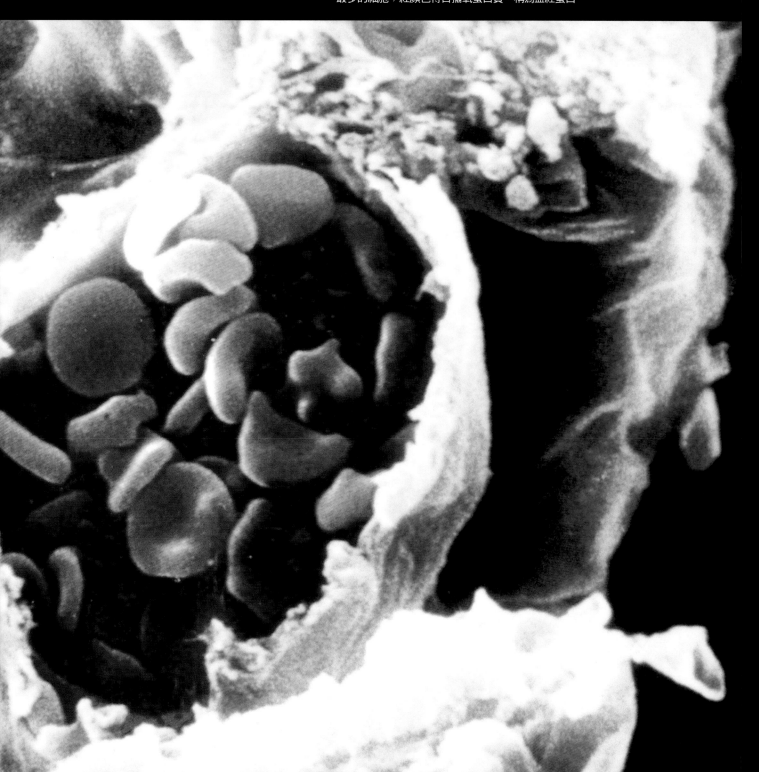

心血管系統

心血管系統由心臟、動脈、微血管和靜脈構成，負責輸運血液到全身，為組織帶來氧氣、葡萄糖和養分；並移除廢物，把二氧化碳、乳酸、尿素和過剩液體排出體外。

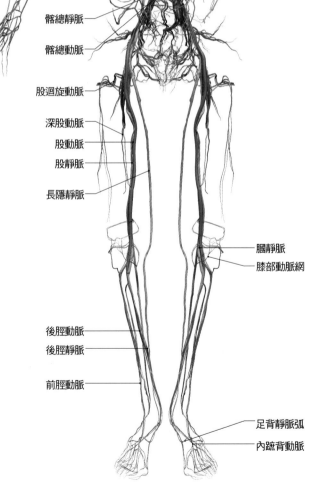

顳動脈
面部靜脈
面部動脈
外頸靜脈
內頸靜脈
主動脈弧
肺動脈
冠狀動脈
肱動脈
降主動脈
肝靜脈
頭靜脈
尺靜脈
橈靜脈
橈動脈
指靜脈

椎動脈
頸總動脈
腋動脈
上腔靜脈
肺靜脈
下腔靜脈
肝靜脈

尺動脈
肝動脈
髂總靜脈
髂總動脈
胸部降主動脈

股迴旋動脈
深股動脈
股動脈
股靜脈
長隱靜脈

膕靜脈
膝部動脈網

後脛動脈
後脛靜脈
前脛動脈

足背靜脈弧
內踝背動脈

心臟和血管

心臟把血液泵往全身。把血液輸離心臟的血管稱為動脈，把血液帶回心臟的血管稱為靜脈。

心血管系統的血管共分五類。動脈把血液帶離心臟，最小的分支動脈稱為小動脈。血液從小動脈流入微血管，血液和組織間液之間的擴散就在這裡進行。血液從微血管流入小靜脈，這些細小靜脈結合形成較大靜脈，把血液輸回心臟。

身體小百科

你的運輸系統
· 你體內血管總長約達 99,760 公里。
· 最大的動脈是主動脈，最大的靜脈則是下腔靜脈。
· 動脈中唯一攜帶去氧血的是肺動脈。
· 一顆血球運行全身約需一分鐘。

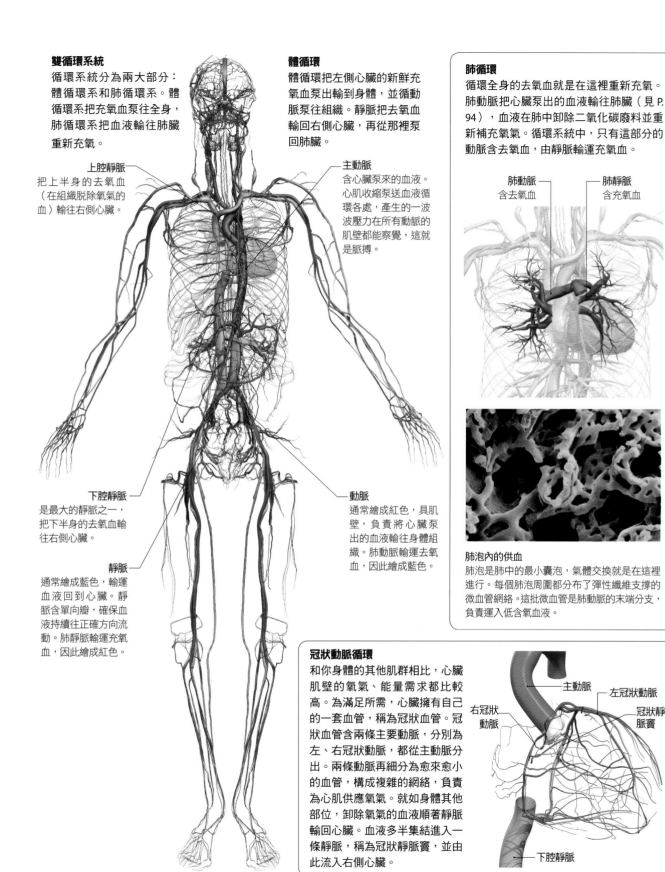

雙循環系統

循環系統分為兩大部分：體循環系和肺循環系。體循環系把充氧血泵往全身，肺循環系把血液輸往肺臟重新充氧。

上腔靜脈
把上半身的去氧血（在組織脫除氧氣的血）輸往右側心臟。

下腔靜脈
是最大的靜脈之一，把下半身的去氧血輸往右側心臟。

靜脈
通常繪成藍色，輸運血液回到心臟。靜脈含單向瓣，確保血液持續往正確方向流動。肺靜脈輸運充氧血，因此繪成紅色。

體循環

體循環把左側心臟的新鮮充氧血泵出輸到身體，並循動脈泵往組織。靜脈把去氧血輸回右側心臟，再從那裡泵回肺臟。

主動脈
含心臟泵來的血液。心肌收縮泵送血液循環各處，產生的一波波壓力在所有動脈的肌壁都能察覺，這就是脈搏。

動脈
通常繪成紅色，具肌壁，負責將心臟泵出的血液輸往身體組織。肺動脈輸運去氧血，因此繪成藍色。

肺循環

循環全身的去氧血就是在這裡重新充氧。肺動脈把心臟泵出的血液輸往肺臟（見 P. 94），血液在肺中卸除二氧化碳廢料並重新補充氧氣。循環系統中，只有這部分的動脈含去氧血，由靜脈輸運充氧血。

肺動脈
含去氧血

肺靜脈
含充氧血

肺泡內的供血
肺泡是肺中的最小囊泡，氣體交換就是在這裡進行。每個肺泡周圍都分布了彈性纖維支撐的微血管網絡。這批微血管是肺動脈的末端分支，負責運入低含氧血液。

冠狀動脈循環

和你身體的其他肌群相比，心臟肌壁的氧氣、能量需求都比較高。為滿足所需，心臟擁有自己的一套血管，稱為冠狀血管。冠狀血管含兩條主要動脈，分別為左、右冠狀動脈，都從主動脈分出。兩條動脈再細分為愈來愈小的血管，構成複雜的網絡，負責為心肌供應氧氣。就如身體其他部位，卸除氧氣的血液順著靜脈輸回心臟。血液多半集結進入一條靜脈，稱為冠狀靜脈竇，並由此流入右側心臟。

主動脈
左冠狀動脈
右冠狀動脈
冠狀靜脈竇
下腔靜脈

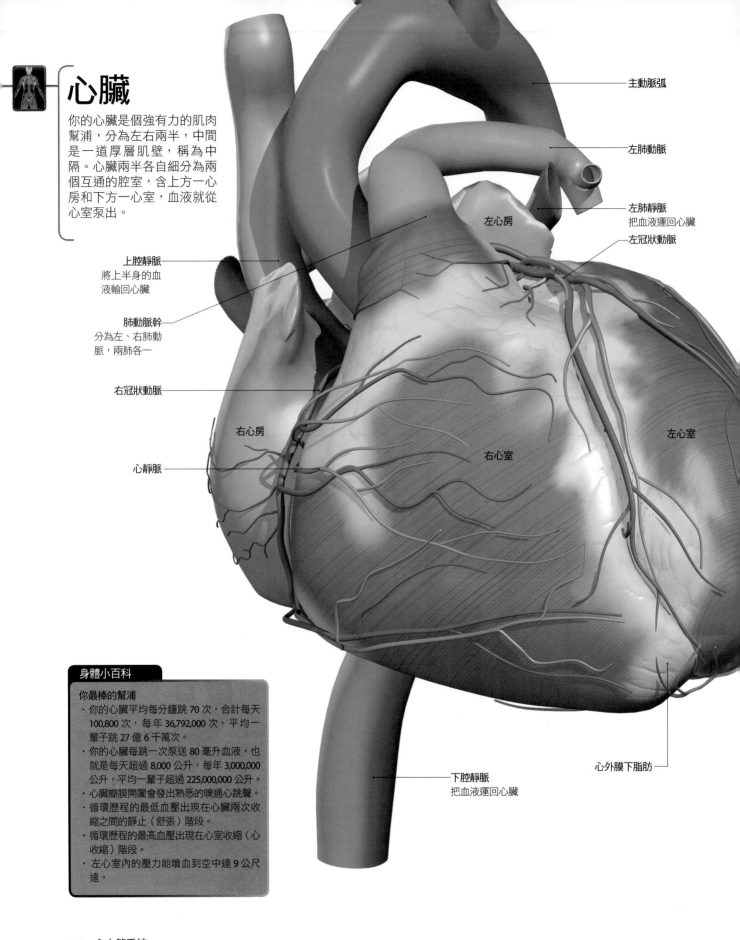

心臟

你的心臟是個強有力的肌肉幫浦，分為左右兩半，中間是一道厚層肌壁，稱為中隔。心臟兩半各自細分為兩個互通的腔室，含上方一心房和下方一心室，血液就從心室泵出。

主動脈弧

左肺動脈

左肺靜脈
把血液運回心臟

左冠狀動脈

左心房

上腔靜脈
將上半身的血液輸回心臟

肺動脈幹
分為左、右肺動脈，兩肺各一

右冠狀動脈

右心房

左心室

右心室

心靜脈

心外膜下脂肪

下腔靜脈
把血液運回心臟

身體小百科

你最棒的幫浦

· 你的心臟平均每分鐘跳 70 次，合計每天 100,800 次，每年 36,792,000 次，平均一輩子跳 27 億 6 千萬次。

· 你的心臟每跳一次泵送 80 毫升血液，也就是每天超過 8,000 公升，每年 3,000,000 公升，平均一輩子超過 225,000,000 公升。

· 心臟瓣膜開闔會發出熟悉的噗通心跳聲。

· 循環歷程的最低血壓出現在心臟兩次收縮之間的靜止（舒張）階段。

· 循環歷程的最高血壓出現在心室收縮（心收縮）階段。

· 左心室內的壓力能噴血到空中達 9 公尺遠。

電脈衝

你的心臟含有特化心肌細胞（見 P. 20）。心臟有一個天然節律器，稱為竇房結，能發出規律電脈衝，讓心肌有節制地循序收縮。心率還進一步由交感、副交感神經來調節，因應需要來加、減心跳速率。

一道電脈衝循特化神經纖維傳過心肌，信息傳遍心臟就會啟動所有肌肉纖維，觸發一種有序收縮。每「跳」一次都區分三個階段：首先，電刺激觸發心尖處心房肌肉收縮，接著在第二階段，脈衝刺激心室肌肉收縮，最後是肌肉鬆弛階段。

流經心臟的電脈衝可被記錄並繪出軌跡，稱為心電圖。

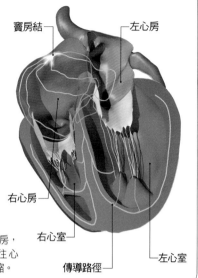

傳導路徑
引導電脈衝傳遍心房，再沿中隔朝下傳往心室，促使兩心室收縮。

（圖示標註：竇房結、左心房、右心房、右心室、傳導路徑、左心室）

止回瓣

心臟是個雙重幫浦，由四個腔室組成：左心房、右心房、左心室和右心室。各腔裝盛的血量相等（約80毫升）。心房只把血液泵進心室，因此腔壁較薄。心室則須把血液泵往肺臟或進入身體，必須對抗相當高的壓力，也因此擁有較厚又較強健的肌壁。

心臟腔室各具一單向瓣膜，能確保肌肉收縮時，血液只朝單一方向流動，才不會出現回流的問題。

右心室和右心房以三片組織隔開，稱為三尖瓣。左心房和左心室以僧帽瓣（或稱為二尖瓣）隔開，僧帽瓣含兩片組織。

肺動脈瓣守衛著通往肺動脈幹的入口，這條動脈把心臟的血液引向肺臟。主動脈瓣守衛著通往主動脈的入口，主動脈把充氧血從心臟輸往身體其他部位。

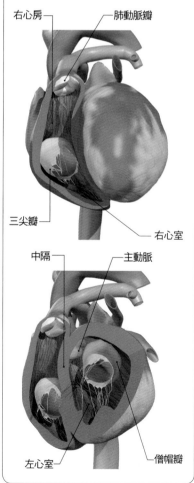

（上圖標註：右心房、肺動脈瓣、三尖瓣、右心室）
（下圖標註：中隔、主動脈、左心室、僧帽瓣）

心跳的三個階段

每次心跳都含三個階段：靜止、心房收縮、心室收縮。在靜止階段（心舒張期），右側心臟充滿（從身體運來的）去氧血，左側心臟則充滿（來自肺臟的）充氧血。有些血液從心房通過開啟的單向瓣膜，被動渦流進入心室。在第二階段（心房收縮期），兩心房同時收縮，壓擠更多血液進入兩心室。在第三階段（心室收縮期），兩心室都收縮並猛然閉合（下圖綠色部分），泵出血液進入肺臟（從右心室）和身體（從左心室）。當心室清空，心臟隨之鬆弛（舒張），循環也再次開始。

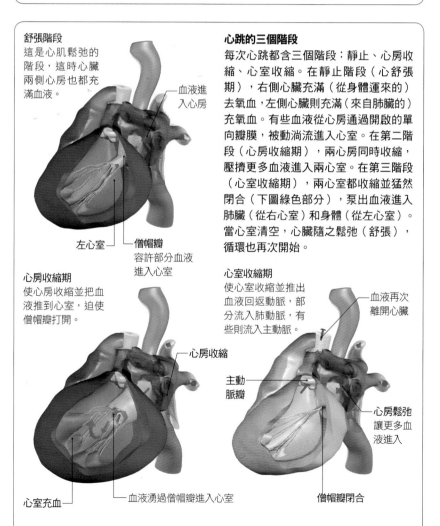

舒張階段
這是心肌鬆弛的階段，這時心臟兩側心房也都充滿血液。

（標註：血液進入心房、左心室、僧帽瓣 容許部分血液進入心室）

心房收縮期
使心房收縮並把血液推到心室，迫使僧帽瓣打開。

（標註：心房收縮、心室充血、血液湧過僧帽瓣進入心室）

心室收縮期
使心室收縮並推出血液回返動脈，部分流入肺動脈，有些則流入主動脈。

（標註：血液再次離開心臟、主動脈瓣、心房鬆弛 讓更多血液進入、僧帽瓣閉合）

血液循環

循環系統把你全身系統全部串連起來。血液為所有組織供應氧氣和養分，同時還收集、沖走代謝廢物。血液也運輸用來調節身體系統的必要化學物質，如激素和不同細胞合成的種種物質，包括膽固醇和三酸甘油酯。消化道所吸收的養分，也靠血液輸送往肝臟處理。

血液如何循環

充氧血從左心室泵出，通過愈來愈小的動脈，流到稱為小動脈的最小分支。血液就從這裡滲入微血管網絡。氧氣和養分在微血管中擴散進入組織，換來二氧化碳和其他廢物。去氧血從微血管滲入小靜脈，部分氣體繼續在這裡交換，隨後流入較大的靜脈，最後來到腔靜脈，並循線流入右側心臟。接著去氧血泵入肺系統重新充氧，最後又回到左側心臟。

動脈和靜脈

兩者通常都在它們效勞的部位並排出現，一般而言也都連同所屬神經一道分布，共組一條神經血管束。動脈以高壓輸運血液，相對地，靜脈和小靜脈管中的壓力很低，連重力都無法克服，因此腿上的長靜脈含有防止逆流的瓣膜。

微血管

心血管系統真正的工作是在微血管中完成。微血管在肌肉纖維周圍形成錯綜複雜的網絡，在結締組織各處以及上皮組織所屬基底層膜下方也都有分布。微血管壁非常細薄，可容氧氣和養分透入組織，還可容多餘流質和廢料等其他產物穿行運走。有些微血管細到紅血球必須列隊通過。微血管管徑由小動脈和小靜脈壁的肌肉收縮、鬆弛動作來控制。有些微血管的入口有環肌保護（微血管前括約肌），這種肌肉能封閉局部網絡，不讓血液流過。微血管內的血壓非常低。

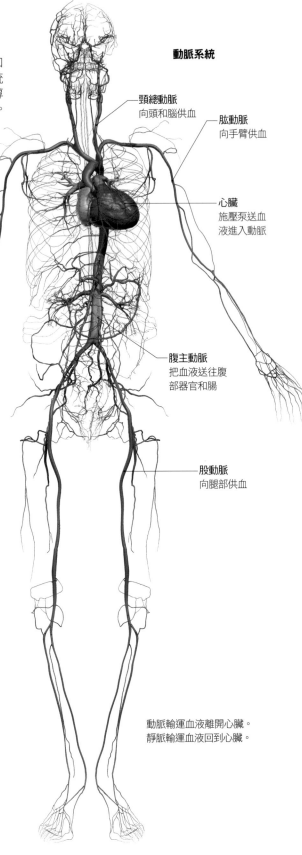

動脈系統

頸總動脈
向頭和腦供血

肱動脈
向手臂供血

心臟
施壓泵送血液進入動脈

腹主動脈
把血液送往腹部器官和腸

股動脈
向腿部供血

動脈輸運血液離開心臟。
靜脈輸運血液回到心臟。

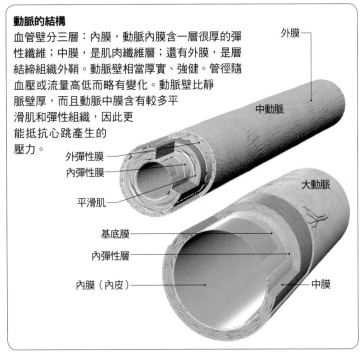

動脈的結構

血管壁分三層：內膜，動脈內膜含一層很厚的彈性纖維；中膜，是肌肉纖維層；還有外膜，是層結締組織外鞘。動脈壁相當厚實、強健。管徑隨血壓或流量高低而略有變化。動脈壁比靜脈壁厚，而且動脈中膜含有較多平滑肌和彈性組織，因此更能抵抗心跳產生的壓力。

外膜

中動脈

大動脈

外彈性膜
內彈性膜

平滑肌

基底膜

內彈性層

內膜（內皮）

中膜

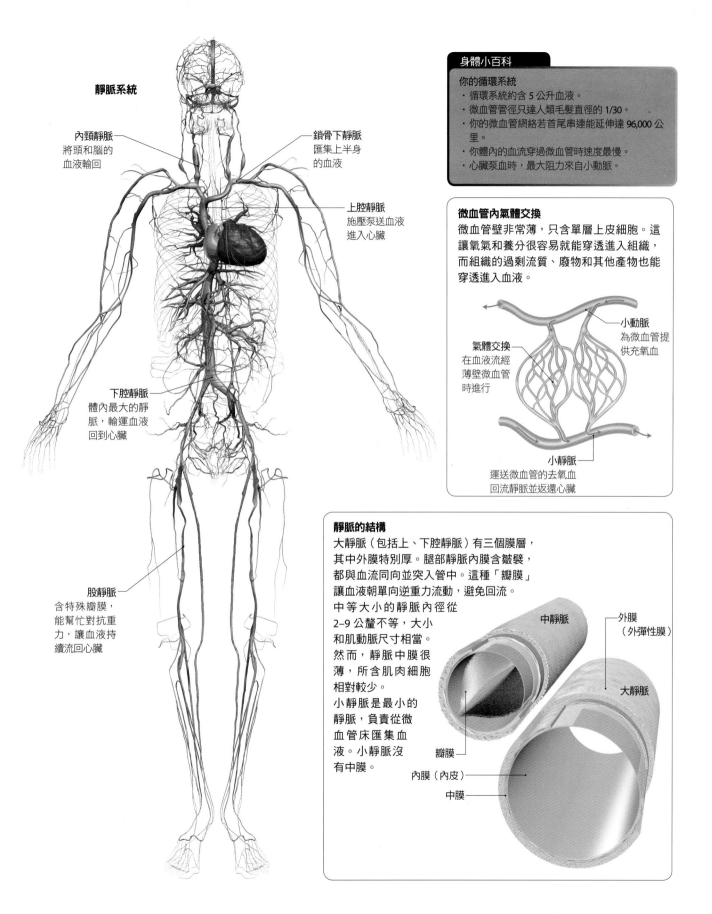

靜脈系統

內頸靜脈
將頭和腦的
血液輸回

鎖骨下靜脈
匯集上半身
的血液

上腔靜脈
施壓泵送血液
進入心臟

下腔靜脈
體內最大的靜
脈，輸運血液
回到心臟

股靜脈
含特殊瓣膜，
能幫忙對抗重
力，讓血液持
續流回心臟

微血管內氣體交換

微血管壁非常薄，只含單層上皮細胞。這
讓氧氣和養分很容易就能穿透進入組織，
而組織的過剩流質、廢物和其他產物也能
穿透進入血液。

小動脈
為微血管提
供充氧血

氣體交換
在血液流經
薄壁微血管
時進行

小靜脈
運送微血管的去氧血
回流靜脈並返還心臟

靜脈的結構

大靜脈（包括上、下腔靜脈）有三個膜層，
其中外膜特別厚。腿部靜脈內膜含皺襞，
都與血流同向並突入管中。這種「瓣膜」
讓血液朝單向逆重力流動，避免回流。
中等大小的靜脈內徑從
2–9 公釐不等，大小
和肌動脈尺寸相當。
然而，靜脈中膜很
薄，所含肌肉細胞
相對較少。
小靜脈是最小的
靜脈，負責從微
血管床匯集血
液。小靜脈沒
有中膜。

中靜脈

外膜
（外彈性膜）

大靜脈

瓣膜

內膜（內皮）

中膜

血液

血液的成分是一種淡黃色流質，稱為血漿，裡面懸浮幾十億顆細胞，包括紅血球、白血球（見免疫系統，P.106–115）和細胞斷片（血小板）。血漿還含有溶鹽、激素、脂肪、糖和蛋白質。

成熟的紅血球不含細胞核，胞器數量很少（見 P. 14–15）。紅血球的主要功能是從肺部把氧氣輸往組織。它們是柔韌的凹盤，外形像甜甜圈，連最細小的微血管壁都擠得過去。紅血球含紅色素，稱為血紅蛋白。血液攜帶的氧氣多以化學鍵和血紅蛋白束縛在一起。

氧氣和二氧化碳的運輸
每顆紅血球都含幾百萬個血紅蛋白分子，每顆分子都以四個環狀血紅素基組成，各基分含一鐵原子和一蛋白質鏈，稱為球蛋白。氧氣和鐵原子微弱鍵結，形成鮮紅色氧合血紅蛋白。

去氧血紅蛋白的氧氣已經去除，呈黯淡藍紅色。二氧化碳的溶解性約為氧氣的 20 倍，很容易溶於血漿。不過血液攜帶的二氧化碳，約只有 15% 是與血紅蛋白結合，其餘部分都溶於血漿和紅血球內，構成碳酸和重碳酸鹽離子一類的二氧化碳氣溶解產物。血紅蛋白裡的二氧化碳並不與血紅素基結合，而是與球蛋白鏈的胺基酸結合。

血球的形成
血球的產生過程稱為造血作用，在身體的紅色骨髓中進行。這類骨髓見於兩種骨頭內部，包括扁平骨（如骨盆、胸骨和肩胛骨），和長骨（如股骨和肱骨）的疏鬆端（海綿質端）。

各種血球全都出自一類幹細胞，稱為血球原細胞。紅血球的製造過程稱為紅血球生成作用，未成熟的紅血球內，由細胞核和核糖體（見 P. 16）指導血紅蛋白分子的合成（也就是由 DNA 提供模板供基因編出血紅蛋白密碼，核糖體則依照正確順序來擺放必要胺基酸並完成製造）。一旦紅血球裝滿血紅蛋白，其細胞核和多數胞器就被排出，接著成熟的紅血球也就納入循環。

紅血球製造速率由紅血球生成素負責調節，這種激素在腎臟製造。腎細胞缺氧時會造出較多紅血球生成素。

身體小百科

紅血球
· 你的循環系統約有 28 兆顆紅血球。
· 你的循環系統隨時都約有 1.68 兆顆血小板。
· 一顆紅血球能存活 100 到 120 天，隨後就會被你的肝細胞和脾細胞濾除、摧毀。
· 你每秒鐘約生產 200 萬顆新生紅血球。
· 回收的血紅蛋白分解形成膽紅素。這是一種黃色素，由肝臟分泌注入膽汁。
· 紅血球估計各含 2.5 億顆血紅蛋白分子。每顆血紅蛋白分子能運送四顆氧分子。因此每顆紅血球能輸送 10 億顆氧分子。
· 每微升血液一般都含 150,000-400,000 顆血小板。

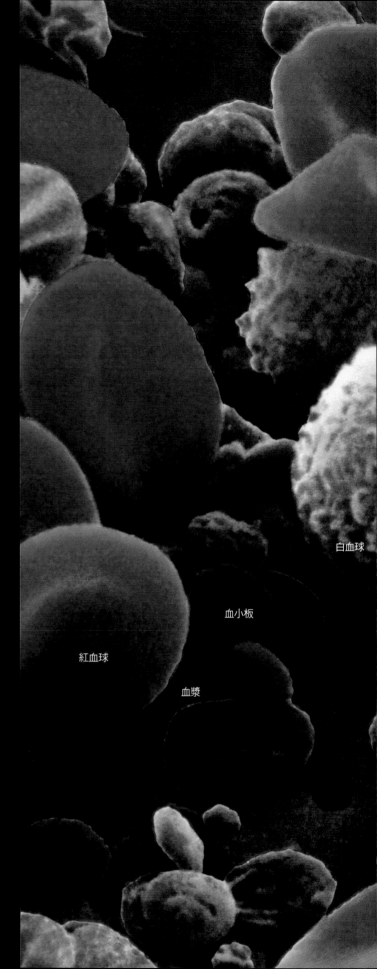

白血球

血小板

紅血球

血漿

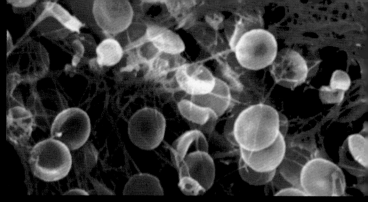

血液的凝固作用

組織受損會觸發凝血作用，以血凝塊堵住傷口，以免循環系統失血過多。

當血管內皮內襯受損，膠原等蛋白質便暴露在外。這會吸引血小板（隨血流循環的細胞斷片，稱為血栓細胞），黏上暴露的組織並把儲存的化學物質釋入血漿。這類化學物質會活化其他血小板，並促使隨流循環的蛋白質產生級聯反應（一種複雜的連鎖反應）。這種「凝血作用級聯」最後會產生一種黏網，其組成則是不可溶的血纖維蛋白分子（見上圖）。紅血球細胞困在血纖維蛋白網中並形成血塊。身體表層的血塊乾涸結痂，能在癒合期間保護傷口。

恆定狀態

血液所含成分的水平，分別保持在一個狹窄範圍之內，以確保你的細胞都身處恆常環境。這點很重要，因為血液流質（血漿）和化學物質會滲出循環系統，沖刷你的細胞。這種流質稱為組織間液，能為你的細胞供給氧氣和養分，沖走細胞產物和廢物，並協助保持恆常細胞環境。倘若血液和組織間液的成分超出可接受範圍，你的細胞就無法妥當運作，還可能死亡。你的細胞特別講求酸度、鹽分濃度和溫度，必須保持恆定水平。

你身體的血液和體內環境的調節和維持，稱為恆定作用。恆定狀態控制機制涉及你的所有內部器官（特別是你的肺、肝和腎）、內分泌腺和你的交感、副交感神經系統。

回饋機制

恆定狀態主要以兩大方式來調節，最常見做法稱為負回饋歷程。當身體感測到變化後，便因應產生激素和神經系統反應，來中和改變並恢復正常狀態。

此外就是較少見的正回饋，身體感測到變化後，便回應強化刺激，於是情況層級也提高了。當情境有可能危害生命，必須迅速回應的時候，就可能出現正回饋。流血時關乎凝血作用（見前述）的血小板和血液凝固因子都經啟動，以防出血不止。最後再由負回饋接管，以侷限改變的幅度。

> ### 血型
>
> 紅血球和身體其他眾多細胞都帶有你從父母繼承來的組織類型，總括起來就構成血型系統。如今已經確認的血型抗原超過30種，其中最為人熟知的是 ABO 抗原和恆河猴抗原（即 Rh 抗原）。所有血液樣本都可以歸入 A、B、AB 或 O 型，各型還能再細分為 Rh+ 或 Rh- 兩類。各種血型都與是否具有特定抗體有關（見 P. 112）。抗體是一種免疫蛋白，能決定你的身體是否接受、排斥輸血或器官移植。

免疫系統
IMMUNE SYSTEM

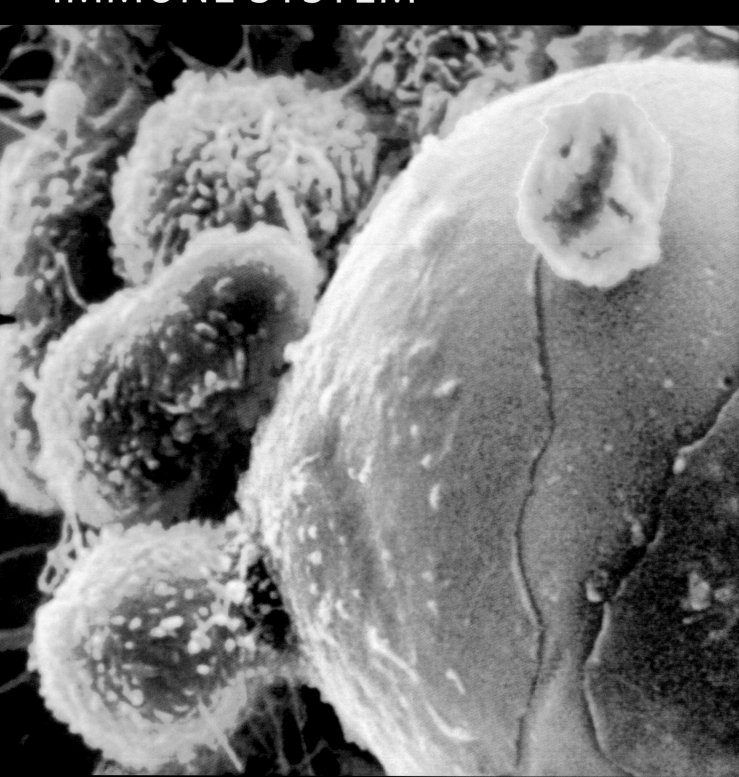

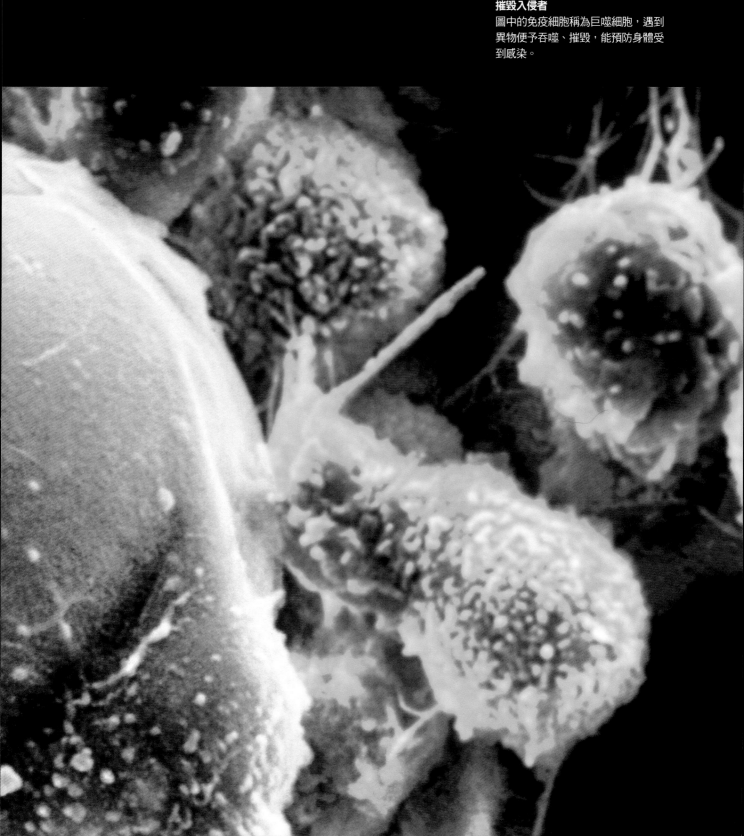

免疫系統

你的身體採用好幾項總體防衛措施來對抗感染，包括：皮膚，這是阻滯疾病的外層屏障；胃酸和酶，能殺死從嘴巴攝入的細菌；還有身體流質所含物質，見於唾液、淚水，以及濡濕呼吸道、尿路、生殖道和胃腸道表面的流質。不過對抗感染的最重要防衛是你的免疫系統，淋巴系統也包括在內。

淋巴系統

淋巴系統所屬器官和脈管在你的防衛機制當中扮演關鍵角色。該系統的活性部分是一種流質，稱為淋巴，由一連串脈管輸運全身。較大的脈管稱為淋巴管，淋巴循此排入細小微血管網絡。系統各處都有特殊濾器和儲藏部位，稱為淋巴結或淋巴腺。淋巴攜帶能幫忙對抗感染的細胞輸往全身。體內幾項器官都在淋巴系統積極發揮影響，如腺樣體、扁桃腺、胸腺、脾臟和局部腸道。骨髓則負責製造白血球。

免疫系統如何保護身體

免疫系統由幾百萬顆「武裝」細胞組成，這群細胞四出巡邏，防衛身體免受疾病侵害。特別是它們能辨識體內一般不會出現的物質並予摧毀。這類物質包括：

- 入侵異物（如細菌、真菌和病毒）。
- 有毒蛋白質（毒素）。
- 受感染的或生病的細胞，這類細胞往往會製出異常的蛋白質。
- 移植的組織，比如不匹配的血液。
- 外來物品（如尖刺和彈片）。

身體有兩大防線：第一線或「非特定性」免疫反應，所有人在誕生時都已規畫成形，還有第二線或後天性免疫，你的身體遭遇個別感染或入侵異物時才發展出現。

後天性免疫

後天性免疫反應在身體暴露於外來蛋白質時發展出現。記憶細胞形成並經觸發，能辨識特殊外來蛋白質。休眠的記憶細胞在你體內巡邏，唯有再遇上同種蛋白質時才會活化。特定免疫涉及兩類細胞的交互作用，兩種細胞分為製造抗體的 B 淋巴球，和調節抗體生產的 T 淋巴球，見 P.110。

區辨自我和非我

除了辨識外來蛋白質之外，免疫細胞還必須學會辨認你的正常身體成分，除去干擾。更複雜的是，它們還必須能夠偵測哪些體細胞受了感染或生病，已經出現某些變化。

每顆細胞的表面都附有一組身分標籤，用來彰顯本身是自我的一部分（「自我標記」）。這類標籤稱為「人類白血球抗原」，由稱為「主要組織相容性複合體」的一組基因負責編碼。免疫細胞在胚胎發育期學會辨識人類白血球抗原自我標記。

體細胞不斷處理、分解內部蛋白質，產生的碎片經輸運至細胞膜，連同人類白血球抗原一併列置膜面。這讓各細胞得與免疫細胞溝通，提供胞內情況資訊。若免疫細胞遇上受感染或生病的細胞，同時偵測到自體和外來的蛋白質（如病毒蛋白質），則該細胞往往會被判定為有害並予摧毀。

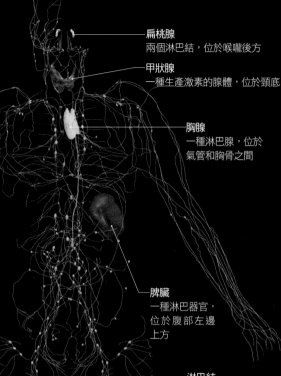

扁桃腺
兩個淋巴結，位於喉嚨後方

甲狀腺
一種生產激素的腺體，位於頸底

胸腺
一種淋巴腺，位於氣管和胸骨之間

脾臟
一種淋巴器官，位於腹部左邊上方

淋巴結
淋巴管中的過濾區，也是淋巴細胞密集分布區

淋巴管
引導組織流質回到靜脈的網絡，含大量淋巴細胞，能濾除感染

身體小百科

打一場漂亮的仗

- 負責身體對外來抗原產生反應的「主要組織相容性複合體」基因組，位於第六對染色體。
- 人類的主要組織相容性複合體由 140 個基因組成，約含 3,600,000 個 DNA 鹼基對（見 P.16）。
- 嬰兒生下來就擁有母親製造的循環抗體，能在剛出生後幾個月保護他們。
- 母乳能提供抗體儲備及活體免疫細胞，能在嬰兒免疫系統成形期間持續對抗感染。
- 能觸發免疫反應的外來蛋白質稱為抗原。

胸腺

淋巴系統的主要器官，位於心臟上方，緊貼胸骨後方。我們出生時胸腺就很大，隨後持續增長直至青春期，接著尺寸就不再有明顯變化，不過這個淋巴組織會逐漸被脂肪取代。

T 淋巴球的前身細胞在胸腺發育、分化並增生，逐漸取得抗原特異性和對身體本身組織的免疫耐受性。內核大半以結締組織構成，淋巴組織只占少量。纖維狀外層分隔成小葉。

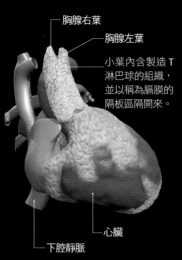
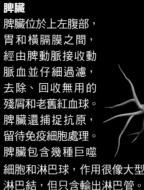

胸腺右葉

胸腺左葉

小葉內含製造 T 淋巴球的組織，並以稱為膈膜的隔板區隔開來。

心臟

下腔靜脈

脾臟

脾臟位於上左腹部，胃和橫膈膜之間，經由脾動脈接收動脈血並仔細過濾，去除、回收無用的殘屑和老舊紅血球。脾臟還捕捉抗原，留待免疫細胞處理。脾臟包含幾種巨噬細胞和淋巴球，作用很像大型淋巴結，但只含輸出淋巴管。血液流質濾出並透入這種輸出淋巴管，接著納入淋巴循環，隨後排入胸管，再導入左鎖骨下靜脈。

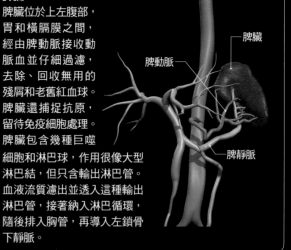

脾臟

脾動脈

脾靜脈

淋巴管

淋巴管的結構類似血管，不過微淋巴管一端閉鎖，由一種瓣膜狀特殊接合點封住。這讓淋巴得以進入結點，卻不會回流納入組織間液。微淋巴管排出淋巴液，匯入較大的集液淋巴管，淋巴在這裡受半月形的半月瓣阻滯，少有回流現象。身體運動時骨骼肌會收縮，淋巴液便由這種動作「推拿」通過微淋巴管。較大淋巴管管壁的平滑肌細胞會節奏收縮，也能使淋巴液循管流動。

淋巴結

集液淋巴管分歧形成輸入淋巴管並導入淋巴結。淋巴結直徑互異，從 1 到 20 公釐不等，內含連串導管，管中塞滿巨噬細胞和淋巴球。淋巴結的作用像篩子，能把淋巴液中的殘屑或感染全都濾出，接著立刻由免疫細胞發動攻擊並摧毀。濾清的淋巴從輸出淋巴管離開淋巴結，接著流入右淋巴管（排入右鎖骨下靜脈），或者是導入胸管，循此排入左鎖骨下靜脈。

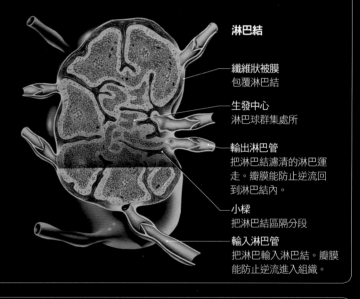

淋巴結

纖維狀被膜
包覆淋巴結

生發中心
淋巴球群集處所

輸出淋巴管
把淋巴結濾清的淋巴運走。瓣膜能防止逆流回到淋巴結內。

小樑
把淋巴結區隔分段

輸入淋巴管
把淋巴輸入淋巴結。瓣膜能防止逆流進入組織。

派氏斑

胃腸道是外來抗原以食物型式進入身體的主要部位之一。因此腸胃系統襯有淋巴組織，集結分布於扁桃腺、腺樣體、闌尾和腸壁。小腸含多處淋巴組織，稱為派氏斑（又稱集合淋巴小結）。

派氏斑只有輸出淋巴管，上覆扁平的皺襞上皮細胞，稱為 M 細胞。這類細胞採樣檢測出現在腸內的抗原，以囊泡（細小囊袋）封住，運往派氏斑中央，供那裡的 T 和 B 淋巴球檢視，若是檢測出感染，淋巴球就會發動免疫反應，生成具有抗原特異性的 IgM 和 IgA 抗體（見 P. 112）。

M 細胞會挑揀抗原來輸運。它們並不隨機「吸取」腸胃道內的事物，只輸運能與本身表面分子結合的抗原，以避免無謂啟動免疫系統來對付無害的食物抗原。

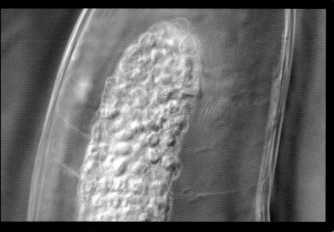

免疫細胞

免疫細胞指白血球。這種白色的血球全都衍生自骨髓生成的普通幹細胞。一類未成熟細胞會移行到胸腺，在那裡重新規畫程式，成熟後就變成 T 淋巴球。胸腺含兩葉，位於你胸腔上部，在嬰兒期和童年階段，當身體仍在建立後天免疫性的時期，胸腺顯得較大，到了青春期就開始縮小，等到成年階段基本上已消失不見。

免疫細胞的功能

免疫細胞區分為兩群。負責第一線防衛系統（又稱非特異性免疫反應）的細胞括巨噬細胞、嗜中性球以及某些自然殺手細胞。淋巴球則在後天免疫（特異性免疫反應）扮演最重要的角色。此外，身體還需要免疫蛋白、補體和干擾素（見 P.113）協助免疫系統的運作。嗜中性球、單核球和巨噬細胞都能吞噬外來蛋白質、細菌或病毒（這些通稱為抗原），動用強效消化酶予以摧毀，這個歷程稱為細胞吞噬作用。

各種免疫細胞

免疫細胞隨著你的血液系統和淋巴系統循環。各細胞藉細胞介素相互溝通，這種化學訊息是種可溶元素，能吸引其他巡邏免疫細胞進入特定部位，並給予超強刺激，促發一種迅捷免疫反應。一旦遇上細胞介素，循環免疫細胞就伸出偽足（細胞延伸部位），擠過微血管壁和淋巴管壁，進入組織。

淋巴球

循環白血球有 40% 是淋巴球。右圖為一個典型淋巴球，呈圓形，表面突伸細長的微絨毛。淋巴球區分三大類，各具不同的表面蛋白，表現不同的活動模式：

· 自然殺手細胞（占所有淋巴球的 10%）
· B 淋巴球（占總數 20%；在骨髓生成）
· T 淋巴球（占總數 70%；在胸腺生成）

自然殺手細胞

異常體細胞由自然殺手細胞摧毀。這類細胞受組織巨噬細胞超強刺激（見對頁），產生高速反應，接著就等比較具有特異性的 T 和 B 淋巴球活化啟動。自然殺手細胞通常也在發動攻擊時死亡。

B 淋巴球

這類細胞能製造抗體。你先天擁有多種 B 細胞類群，每一類只製造一種特異性抗體來抵禦特定外來蛋白（抗原）。實際抗體分從 B 淋巴球表面突伸出來，準備感測抗原。B 淋巴球在啟動之前只有少數巡邏全身。一旦遇上本身抗體負責反應抵禦的外來蛋白，B 記憶細胞便啟動，大量製造唯一的特異性抗體。這種活化的淋巴球稱為 B 漿細胞。B 漿細胞在活化階段一再分裂，累積大量職司生產相同抗體的細胞子群。一旦感染結束，這群數量較多的 B 淋巴球就成為 B 記憶細胞，繼續巡邏全身。若再次遇上相同感染，免疫反應就能加速，效用也比較強盛。就多數情況而言，這就表示在你感到不舒服之前，你的免疫系統就能中和感染，換言之，這時你對第二次侵襲已有免疫。

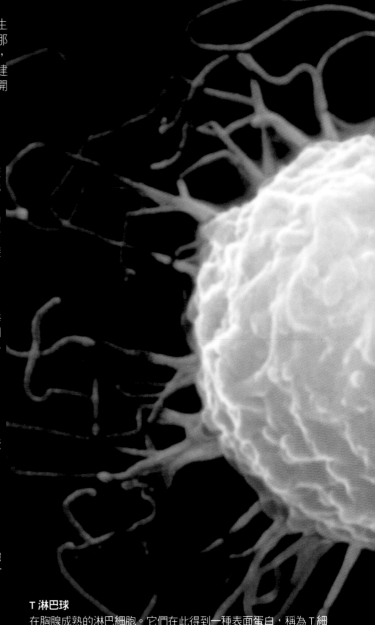

T 淋巴球

在胸腺成熟的淋巴細胞。它們在此得到一種表面蛋白，稱為 T 細胞受體，這是以隨機基因重組生成的產物，於是每個 T 細胞都能辨識一組有限的特有外來蛋白。T 淋巴球經過嚴苛的選擇過程，唯有攜帶能辨識外來蛋白之 T 細胞受體的一群才得以發育。有些 T 細胞的受體只能辨識自體抗原（主要組織相容性複合體蛋白），這種 T 淋巴球通常都會被摧毀，以免產生自體免疫來攻擊身體各處部位。T 淋巴球有幾個不同類型：

· 輔助性 T 細胞給予 B 記憶細胞超強刺激，促使製造抗體。
· 抑制性 T 細胞負責在擊敗感染後抑止抗體生產。
· 胞毒型（殺手）T 細胞屬於比較先進的自然殺手細胞，往往能在發動攻擊時存活下來，繼續擊殺其他目標。
· 延遲性高敏感性 T 細胞和某些高度敏感性（過敏）反應有關。

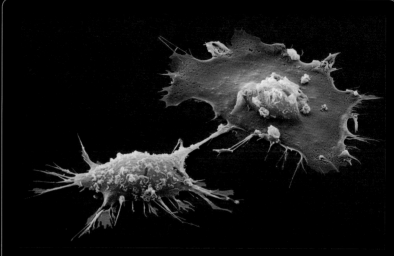

巨噬細胞

這種圓形單核球隨血流循環;一旦進入組織就稱為巨噬細胞。這群長命的清潔工會吞噬細菌、病毒和一般殘屑,特別密集分布於肝、脾和淋巴結。上圖兩顆巨噬細胞正在吞噬大腸桿菌(細小紅桿)。巨噬細胞從所吞噬的原料回收外來蛋白,列置於自己表面給其他免疫細胞超強刺激。

顆粒球

包含顆粒的白血球稱為顆粒球。依據實驗室利用人造組織染料的染色反應,可以區分為三大類別:嗜中性球(中性染色)、嗜鹼性球(紫染色)和嗜酸性球(紅染色)。

嗜中性球

如右圖所示,占循環白血球的 60%。這類細胞「吞噬」細菌和病毒,將細菌和病毒吞下、吸收進入細胞裡。嗜中性球也和抗體以及名叫補體蛋白(見 P.113)的一類免疫蛋白互動。嗜中性球顆粒含肝醣能量儲備,因此在膿腫等不宜居留的地帶,即便欠缺其他養分或氧氣,它們仍能生存。

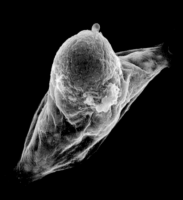

嗜鹼性球

循環白血球有不到 1% 是嗜鹼性球。這類血球的顆粒含組織胺,是一種與過敏反應有關的化學物質。

嗜酸性球

循環白血球有 1-6% 是嗜酸性球。這類血球的顆粒含過氧化酶等化學物質和「主要鹼性蛋白」,並與對抗寄生性生物(如蠕蟲)以及過敏反應有連帶關係。嗜酸性球在下胃腸道、生殖器、脾臟和淋巴結分布特別密集。

> ### 身體小百科
>
> **免疫是門專業**
> - 你約有 560 億顆白血球。
> - 巨噬細胞約存活 120 天。
> - 未活化的嗜中性球在你的循環系中只能存活 6–20 小時。
> - 一旦由免疫訊號啟動,嗜中性球就離開你的循環系,在你的組織中能存活多達 5 天。
> - 嗜中性球的替換率為每天 1–2 千億顆。
> - B 淋巴球在你的骨髓中成熟。
> - T 淋巴球在你的胸腺中成熟。
> - 你每天約製造 350 億顆新生 T 淋巴球。

發炎和免疫反應

你的免疫細胞除了製造補體蛋白和干擾素之外，也製造稱為抗體的物質。
這套系統的所有不同元件通力合作，對付感染。

抗體

抗體也稱為免疫球蛋白，由你的 B 淋巴球負責製造。每種免疫球蛋白都形成一種 Y 形分子，其組成含四條蛋白鏈：兩條一模一樣的重鏈和兩條完全一樣的輕鏈，全都串連在一起。

每種 B 淋巴球各自製造特定一種免疫球蛋白，只能辨識單獨一種外來蛋白（抗原）。每條免疫球蛋白的起始端，都分與一種特異性抗原互動（比如某種細菌的蛋白）。免疫球蛋白的末端對個別抗體類群保持恆定。這個部位有時與補體結合（見對頁），有時與免疫細胞（如巨噬細胞、嗜中性球或淋巴球）互動、結合。

各類抗體

免疫球蛋白（Ig）依所含重鏈類型分為五類。

免疫球蛋白 A（IgA） 占抗體總量 15–20%，主要見於負責保護呼吸道和腸道等部位內表面的分泌物。

免疫球蛋白 D（IgD） 占抗體總量不到1%，主要見於 B 淋巴球表面，職司抗原受體角色。

免疫球蛋白 E（IgE） 通常只見微量，和防衛應付蠕蟲感染以及過敏反應有關。

免疫球蛋白 G（IgG） 是最普見的一類抗體（占總量的 70–75%）。先前曾經遭遇的感染，主要就是靠這種抗體來防禦並產生免疫反應。

免疫球蛋白 M（IgM） 約占抗體總量 10%，以五種抗體結合構成，這也是身體遭遇陌生感染時率先形成的第一類抗體。

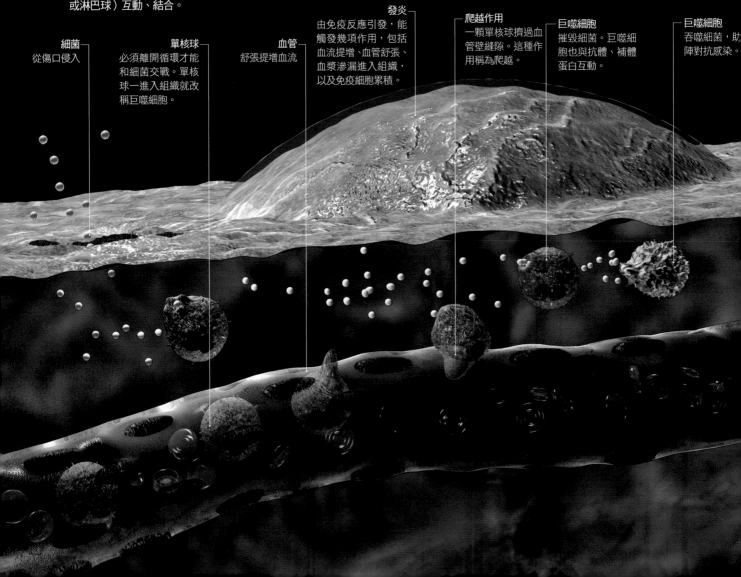

發炎 由免疫反應引發，能觸發幾項作用，包括血流提增、血管舒張、血漿滲漏進入組織，以及免疫細胞累積。

細菌 從傷口侵入

單核球 必須離開循環才能和細菌交戰。單核球一進入組織就改稱巨噬細胞。

血管 舒張提增血流

爬越作用 一顆單核球擠過血管壁縫隙。這種作用稱為爬越。

巨噬細胞 摧毀細菌。巨噬細胞也與抗體、補體蛋白互動。

巨噬細胞 吞噬細菌，助陣對抗感染。

補體蛋白

補體系統牽涉到一連串超過 20 種隨血液循環的漿蛋白，或就是補體蛋白，見下圖。這類蛋白和抗原、抗體採特定順序串接在一起。每個順序步驟都觸發一組特異反應，從而生成一種「酶級聯」。

補體蛋白對你的免疫性做出幾項貢獻。第一類補體蛋白（C1 複合體）直接與一顆細菌（或受感染細胞）的表面結合，或者和已經鎖定外來抗原的免疫球蛋白（IgM 或 IgG）抗體的末端束縛在一起。補體蛋白能包覆有害物質，還向在附近現身的吞噬性免疫細胞（如巨噬細胞或嗜中性球）示警，要它們消化、摧毀被包覆的物質。

倘若附近沒有吞噬細胞，序列第二類補體蛋白便與 C1 複合體結合，觸發補體級聯。接續幾類補體蛋白彼此結合，於是級聯作用便在入侵有機體（或受感染宿主細胞）的胞壁「鑿穿」一個孔，最後流質湧入，導致細胞爆裂。

補體蛋白的作用很像是蛋白炸彈，能把細菌／受感染細胞的胞壁炸穿開孔並予摧毀。

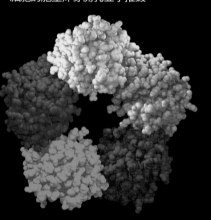

完整補體蛋白

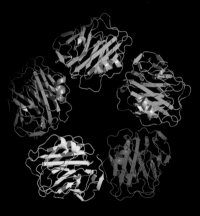

二級結構：α 螺旋

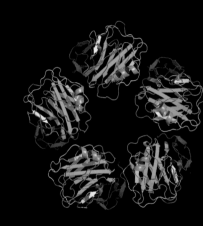

二級結構：β 片層

干擾素

干擾素是保護你免受病毒感染的特殊蛋白，能抑制病毒複製並予免疫細胞超強刺激，產生強大的抗病毒反應。

細胞受病毒感染便激發干擾素產生作用，此外，當免疫細胞與病毒遭遇時會泌出細胞介素，其他免疫細胞偵測到這種化學訊號後，也會開始製造干擾素。泌出的干擾素和相鄰細胞結合便觸發高速生產，合成以核苷酸（DNA 基本單元）構成的短壽命罕見分子。這類核苷酸能活化一種潛伏性（不活化）核酶（稱為核糖核酸水解酶 L，縮略寫成 RNAse L），這能把細胞內的病毒核糖核酸 RNA 全部摧毀。於是病毒蛋白質合成作用完全停頓。受感染細胞製造的干擾素，會附上鄰近未受感染的細胞，並觸發相鄰細胞開始生產 RNAse L，這樣一來它們就不能支持病毒感染，於是感染擴散就受到了侷限。同時干擾素還會活化蛋白激酶，能把細胞在干擾素附著前製成的病毒蛋白全部分解。

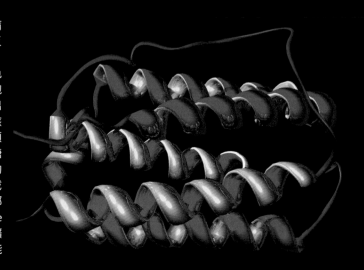

發炎和創傷癒合

發炎指組織變紅、發熱和腫痛，伴隨功能喪失的現象，起因於
組織損傷或者受了感染，是一種重要的生物反應。沒有發炎，
你的創傷就永遠不會癒合。不過發炎還是種緊密調節的歷程，
因為不受抑制的長期（慢性）發炎，很可能導致組織永久損壞。

發炎是必要的

創傷是指皮膚或身體其他組織遭受破壞。創傷癒合歷經
三個階段：發炎，隨後是新組織增生，最後是重塑修補
損傷。

發炎能觸發釋出化學物質，比如釋出組織胺和「舒緩肽」
來提增局部血流和血管滲透性。微血管擴張會洩出一種
富含蛋白質的流質，滲入受影響組織，這種流質稱為「滲
出液」，於是那個部位就會發熱、變紅並出現腫痛。疼
痛是很重要的反應，能警醒腦子哪裡出了問題，也讓反
射動作引領那處部位脫離有害刺激。

滲出液包含好幾組協同作用的蛋白系統：

· 激肽系統，所含蛋白質能引動發炎歷程，包括血管擴
  張與發紅、發熱和腫痛。
· 凝血系統，所含蛋白質歷經連串反應，形成一種血纖
  維蛋白質鷹架和凝血作用。
· 血纖維蛋白分解系統，所含蛋白質能分解過多血塊。
· 補體系統，所含蛋白質啟動免疫反應來抵禦感染（見
  P.113）。
· 種種抗體，能與補體蛋白、免疫細胞合作清除感染。

濕潤傷口癒合法

傷口沒有敷料時，紅血球和血小板就會在纖維蛋白鷹架
上形成血塊（見對頁）。血塊乾燥結痂，堵住組織縫隙，
保護再生細胞，抵禦細菌感染。不過痂皮並不防水，經

蒸發乾涸，黏附於活體纖維狀組織表面並使傷口收縮。
增生上皮細胞必須分解痂皮來修補創傷。這種 「開放
接觸空氣」的老式創傷癒合做法往往會留下傷疤。濕潤
傷口癒合原理直到 1970 年代才出現，當時便體認到，
創傷以敷料保護可容滲出液保持濕潤而不凝結，反而會
加速癒合。這是由於增生上皮細胞能跨越濕潤傷口表
面，不必藏身乾痂底下來予溶解。和乾燥創傷相比，讓
創傷保持濕潤，新生上皮表面就能以兩倍速率形成，疼
痛程度較輕，感染或留下疤痕的風險也較低。

對頁圖像顯示稱為血纖維蛋白的蛋白質，在傷口上構成
一個網孔，讓失血減至最輕。

癒合歷程

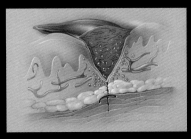

受傷流血之後，特化細胞立刻釋出化學
物質和組織生長因子，引來「纖維原母
細胞」（製造纖維的細胞），從而引動
發炎歷程。輸往該部位的血流提增。

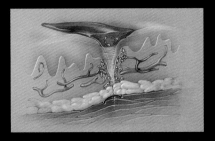

幾個小時之後，創傷就被血纖維蛋白堵住：
以紅血球和血小板構成痂皮。纖維原母細
胞增生，轉移進入血纖維蛋白鷹架上的創
口。上皮細胞開始轉移到痂皮底下。吞噬
細胞清除殘屑，更多細胞借助強化的血液
循環抵達傷處。周邊凝血局部孤立傷處。

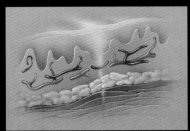

新生血管生長深入下層區域。纖維原母
細胞製造新生結締組織纖維，如膠原。
創傷底層的上皮細胞經轉移、增生，形
成新的包層，把表面彌封起來。痂皮尺
寸縮小，約三星期內，傷口就完全癒合，
不過痂皮收縮作用和膠原纖維讓表面略
微凹陷，留下一道暫時性疤痕。

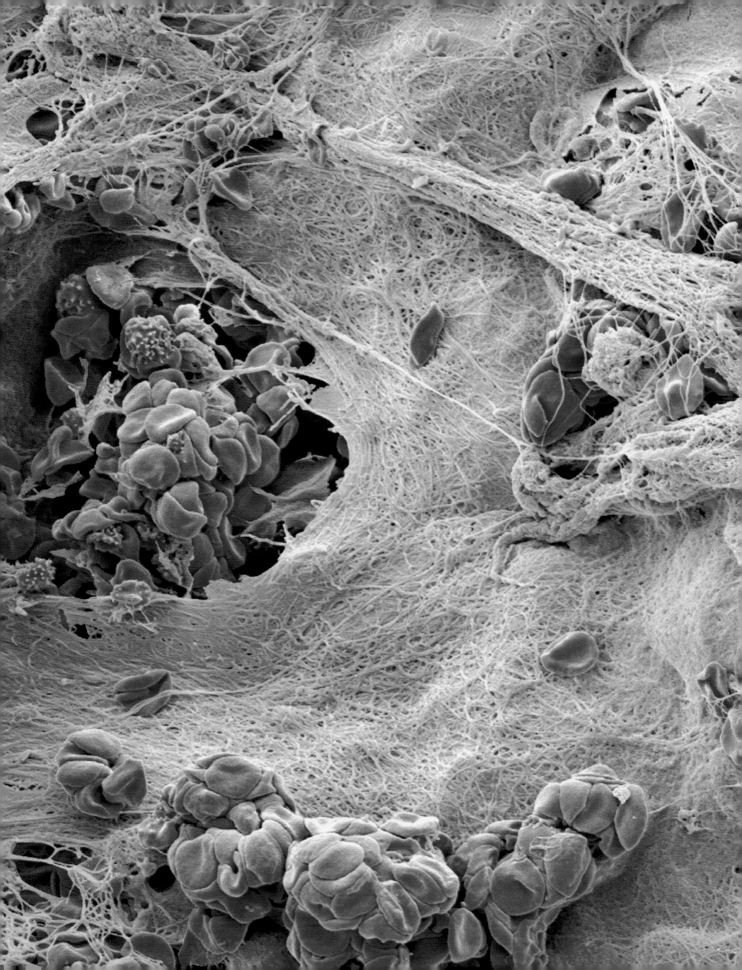

內分泌系統
ENDOCRINE SYSTEM

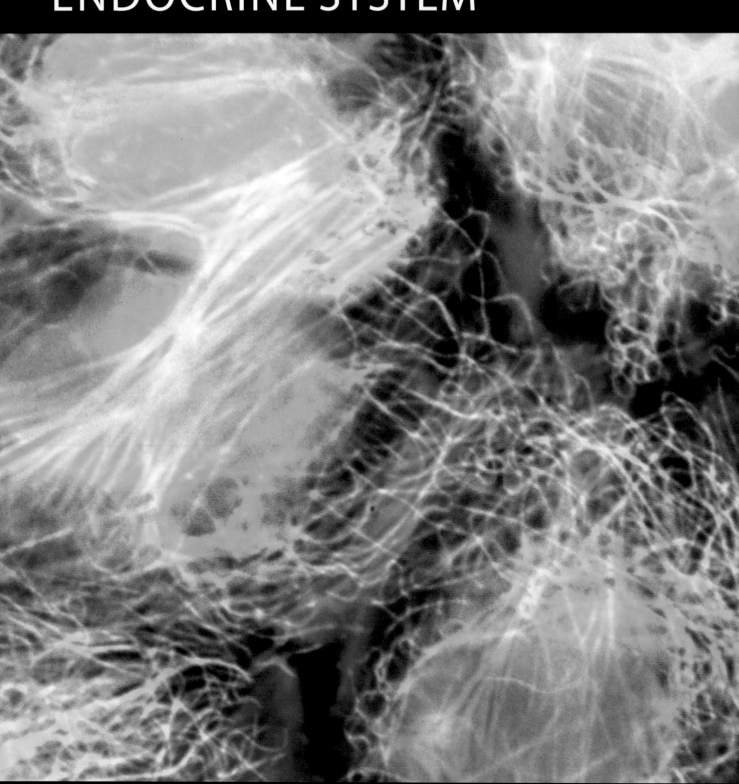

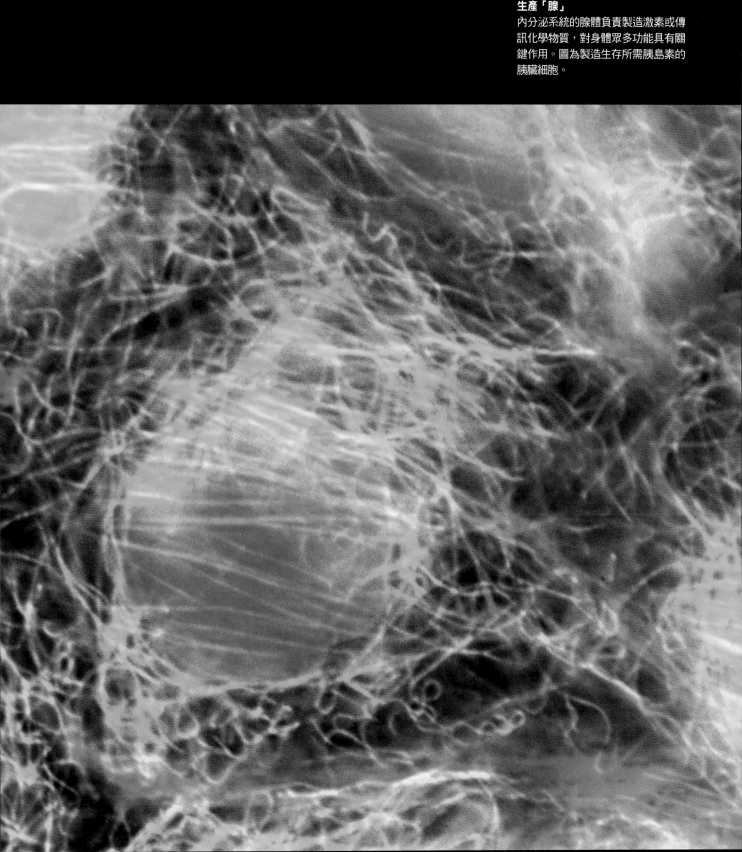

內分泌腺

你的內分泌系統由無管腺體組成，這些腺體能分泌傳訊化學物質，稱為激素，直接注入你的血流。激素協調你身體不同部位的種種功能，管制事項包羅萬象，從你的食慾、新陳代謝、生長和發育、有性生殖和壓力反應，乃至於睡醒周期、液體均衡，甚至也包括情緒。你的身體分分秒秒都必須因應體內情況，生產恰當數量的激素。這套機制部分由腦下腺負責管制，由於腦下腺的激素兼管其本身與其他腺體的激素生產水平，因此通常又號稱「主腺體」。

激素

激素有兩大類型。胜肽激素以胺基酸製成，能與細胞表面受體結合並引發反應。類固醇激素和膽固醇有關，化學結構包括四個融合在一起的碳環，能進入細胞並與細胞質內受體結合。接著激素──受體複合物便進入細胞核中，與染色質（解開的 DNA）結合並啟動特定基因。接下來這就能提增細胞合成某些蛋白質的效能。

身體小百科

激素大小事
· 目前已經辨識出超過 200 種激素，而且清單仍繼續增長。
· 生長激素主要在晚上睡眠期間分泌，也因此生長中的嬰兒和青少年才花那麼多時間睡覺。
· 內分泌腺把分泌物直接注入循環，對遠處部位產生作用；外分泌腺（如汗腺）則藉管道把分泌物注入身體部位或泌出表面，發揮局部作用。
· 你的胰臟是一種內分泌腺（能製造胰島素等激素），也是外分泌腺（能分泌消化液並循胰管注入十二指腸）。

激素的生產

激素具有多種不同功能，分別由特定腺體以及某些具有腺性組織的器官製成。比如腎臟能製造激素，而部分泌尿系統也能製造；腸子能處理食物，卻也製造能促進消化歷程的激素。

激素生產作用的關鍵腺體是腦下腺，不過腦中的下視丘和松果腺也扮演要角。其他重要腺體包括甲狀腺、胸腺、腎上腺和胰臟。胃、十二指腸和小腸也製造激素，比如膽囊收縮素，這能觸發胰臟釋出消化酶，也激使膽囊泌出膽汁。它還向腦部發送飽足訊號來減輕飢餓感。此外，男女生殖器官也製造激素來協調生殖歷程。

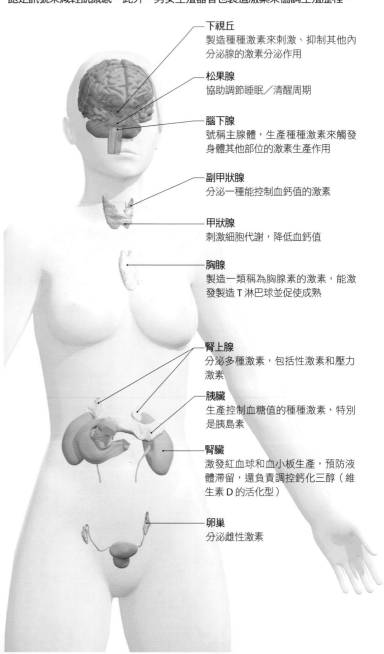

下視丘
製造種種激素來刺激、抑制其他內分泌腺的激素分泌作用

松果腺
協助調節睡眠／清醒周期

腦下腺
號稱主腺體，生產種種激素來觸發身體其他部位的激素生產作用

副甲狀腺
分泌一種能控制血鈣值的激素

甲狀腺
刺激細胞代謝，降低血鈣值

胸腺
製造一類稱為胸腺素的激素，能激發製造 T 淋巴球並促使成熟

腎上腺
分泌多種激素，包括性激素和壓力激素

胰臟
生產控制血糖值的種種激素，特別是胰島素

腎臟
激發紅血球和血小板生產，預防液體滯留，還負責調控鈣化三醇（維生素 D 的活化型）

卵巢
分泌雌性激素

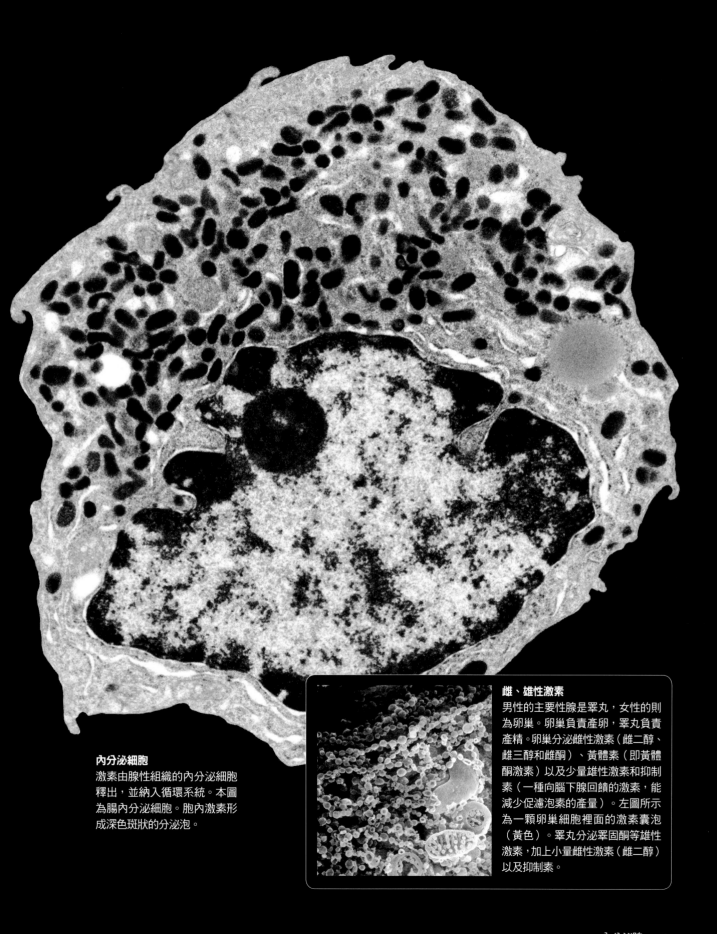

內分泌細胞
激素由腺性組織的內分泌細胞釋出，並納入循環系統。本圖為腸內分泌細胞。胞內激素形成深色斑狀的分泌泡。

雌、雄性激素
男性的主要性腺是睪丸，女性的則為卵巢。卵巢負責產卵，睪丸負責產精。卵巢分泌雌性激素（雌二醇、雌三醇和雌酮）、黃體素（即黃體酮激素）以及少量雄性激素和抑制素（一種向腦下腺回饋的激素，能減少促濾泡素的產量）。左圖所示為一顆卵巢細胞裡面的激素囊泡（黃色）。睪丸分泌睪固酮等雄性激素，加上小量雌性激素（雌二醇）以及抑制素。

下視丘和腦下腺軸

在你體內，有些內分泌腺會循序相互發送激素訊息，這種腺體組合稱為「軸」。你的下視丘、腦下腺和其他幾種內分泌腺共同組成好幾個軸，比如下視丘—腦下腺—腎上腺軸，和下視丘—腦下腺—甲狀腺軸。

下視丘

腦中串連內分泌和中樞神經系統的部分，位置緊貼丘腦下方，含好幾團神經元叢，如視上核、弧形核和乳頭狀體。下視丘經由管狀「垂體漏斗」（即丘腦下漏斗部）和腦下腺相連。下視丘生產的內分泌激素，部分輸往腦下腺門脈系統的腦下腺前葉，這裡有一組細小的小靜脈系統，下視丘微血管循此與腦下腺微血管直接相連。下視丘激素部分取道神經元軸突直接釋入腦下腺後葉。

腦下腺

也稱為腦下垂體，是個細小豌豆狀構造，從腦底的下視丘突出。腦下腺位於蝶骨腦下腺窩內，分為兩大葉：腦下腺前葉和腦下腺後葉，前後葉之間是一道細薄的細胞隔層，稱為中間葉。

下視丘的激素
這個腺體生產九種激素

激素	功能
甲狀腺促素釋素（甲釋素TRH）	刺激腦下腺前葉釋出甲狀腺刺激素（TSH）
促性腺素釋素（性釋素GRH）	刺激腦下腺前葉釋出促濾泡素和黃體生長激素
生長激素釋素（生長釋素GHRH）	刺激腦下腺前葉釋出生長激素
促腎上腺皮質素釋素（腎皮釋素）	刺激腦下腺前葉釋出促腎上腺皮質素
生長激素抑制素（體抑素）	抑制腦下腺前葉釋出甲狀腺刺激素和生長激素
泌乳素釋素（乳釋素）	刺激腦下腺前葉釋出泌乳素
泌乳素抑制素（乳抑素）	抑制腦下腺前葉釋出泌乳素
催產素在下視丘製造，隨後送往腦下腺後葉儲存	職司腦中神經傳導功能，刺激分娩時子宮收縮及哺乳時射出乳汁
抗利尿素在下視丘製造，隨後送往腦下腺後葉儲存並從那裡釋出	刺激腎臟保留水分並激使血管收縮以提高血壓

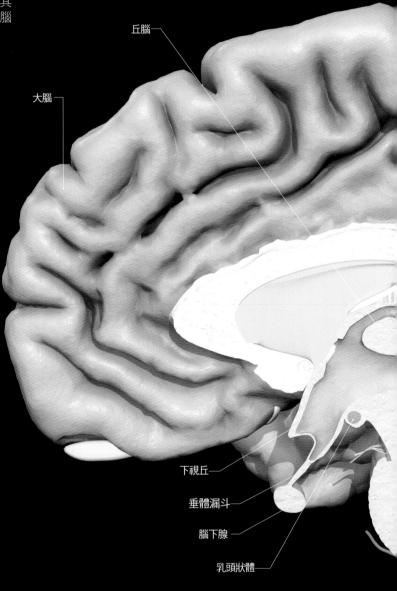

丘腦

大腦

下視丘

垂體漏斗

腦下腺

乳頭狀體

身體小百科

激素含量
· 生長激素在 20 到 60 歲期間減產達 75%。
· 催產素向來號稱母愛與忠貞關係激素，這是相當於超級膠的激素，幫我們鞏固人際情感。

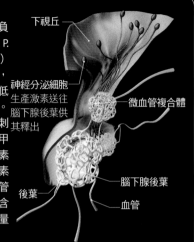

激素分泌之調節

下視丘—腦下腺軸經由一套負回饋歷程（見恆定狀態，見 P. 105,140）來調節特定（目標）內分泌腺的分泌作用。比方說，若血中所含甲狀腺激素水平低於常態，下視丘便釋出甲釋素。這會觸發腦下腺釋出甲狀腺刺激素，從而提增甲狀腺的甲狀腺素（T4）與三碘甲狀腺素（T3）輸出量。甲狀腺刺激素也經由負回饋接受 T4 和 T3 管制，所以當血中的 T4／T3 含量提高，甲狀腺刺激素的產量也隨之下降。

下視丘

神經分泌細胞
生產激素送往
腦下腺後葉供
其釋出

微血管複合體

後葉

腦下腺後葉

血管

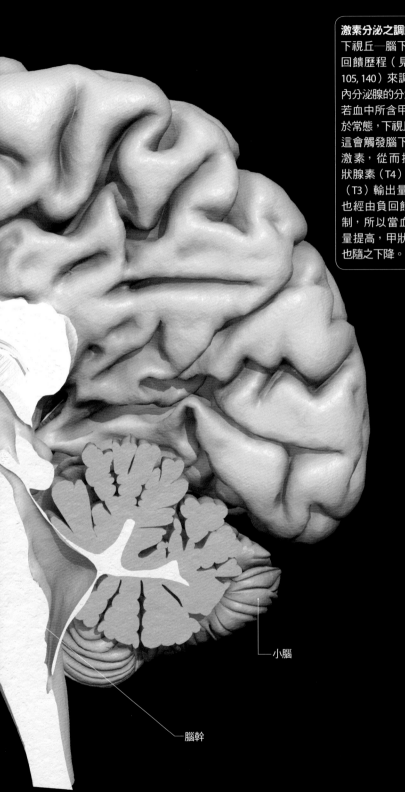

小腦

腦幹

腦下腺的激素

這個腺體從本身不同部位製出好幾種激素

激素	功能
腦下腺前葉	
促腎上腺皮質素（ACTH）	刺激腎上腺合成皮質類固醇激素
甲狀腺刺激素（TSH）	刺激甲狀腺合成甲狀腺素和三碘甲狀腺素
泌乳素	刺激乳腺泌乳；性高潮時也會釋出
生長激素	刺激細胞生長、分裂
促濾泡素（FSH）	刺激卵巢卵子成熟和睾丸精子成熟
黃體生長激素（LH）	刺激女性排卵，也刺激睾丸製造睾固酮
腦內啡	類似海洛因的鴉片化學物質，可減輕疼痛感覺，還能在激烈運動之後帶來自然「快感」
促脂解素	刺激動用脂肪組織儲備
中間葉	
促黑色素細胞素（MSH）	刺激皮膚製造黑色素
腦下腺後葉	
催產素	刺激分娩時子宮收縮及哺乳時射出乳汁；性高潮時也會釋出
抗利尿素	刺激腎臟保留水分並激使血管收縮以提高血壓

甲狀腺和腎上腺

甲狀腺和腎上腺都是內分泌系統的重要腺體。甲狀腺位於脖頸前部，形狀像蝴蝶。甲狀腺在出生之前形成，原本長在喉嚨後方，後來周邊長出其他組織，才跟著緩慢轉移到最後位置。若呈現出來可見到一條細薄組織（稱為「錐突」），這就是甲狀腺的最初和最終位置間的連接殘跡。

甲狀腺的功能

甲狀腺分泌三種激素。甲狀腺素（T4）和三碘甲狀腺素（T3）都是含碘激素，能控制細胞代謝速率，影響生長和體內所有系統的功能。甲狀腺還製造降鈣素，這是用來抑低血鈣水平的激素。當血液含鈣水平提升，降鈣素就能抑制腸道吸收鈣質，抑制腎臟從濾液中再吸收鈣質，並約束骨中鈣質儲備的釋出作用。

莖突舌骨韌帶

舌骨

甲狀腺左葉

甲狀軟骨

環狀軟骨

副甲狀腺

舌骨

甲狀軟骨

錐突

甲狀腺，正視圖

甲狀腺，後視圖

環狀軟骨

甲狀腺右葉

峽部

氣管

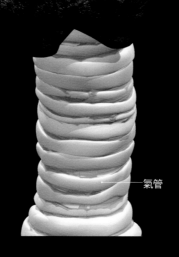

氣管

一般人都具有四個副甲狀腺，位於甲狀腺後方，兩葉上下各一，位置因人而異，且共用甲狀腺供血。副甲狀腺能分泌副甲狀腺素，當血液含鈣水平下降並低於常態範圍，這種激素就能促進釋出骨中的鈣質儲備，提增腎臟從濾液中再吸收鈣質，並促進腸道的鈣質吸收作用，從而提高血鈣水平。

身體小百科

腺體和激素

- 你身體的碘質儲備有四分之一位於甲狀腺。
- 錐突是一條細薄的組織，位在甲狀腺的原始位置。
- 有些人只有三個副甲狀線，有些人則有六個。
- 甲狀腺素（T4）是種弱效的前激素，可以轉化為效果較強的三碘甲狀腺素（T3）。
- 腎上腺素、正腎上腺素和多巴胺，都兼具激素和神經傳導物質（神經細胞的溝通化學物質）的作用。
- 遇極端緊迫壓力之時，血中所含腎上腺素水平能在一分鐘內提升千倍之多。

「戰鬥或逃逸」反應

當你面臨危險，交感神經系統便觸發腎上腺髓質釋出幾種兒茶酚胺激素，從而啟動「戰鬥或逃逸」反應。腎上腺素、正腎上腺素和多巴胺都能引發以下快速改變，從而提高你的存活機率：

· 血液所含葡萄糖水平提高
· 瞳孔擴張，放大你的視野
· 腸臟和膀胱（有時也包括胃）全都清空，讓你跑起來更輕快
· 通往腸胃道的循環中斷，更多血液改道流向你的肌肉
· 心搏和血壓上升，呼吸也變得深沉以提增輸往肌肉和腦的血液、氧氣供給
· 記憶能力提高，思考更為清楚
· 疼痛敏感度降低
· 汗腺啟動，肌肉緊繃，備便行動
· 血液更容易凝固，血管也更容易收縮，減少傷口出血

倘若壓力持續，腎上腺就會提高皮質醇（一種類固醇激素，另譯可體松）產量——這種增產作用顯然是種存活要件。

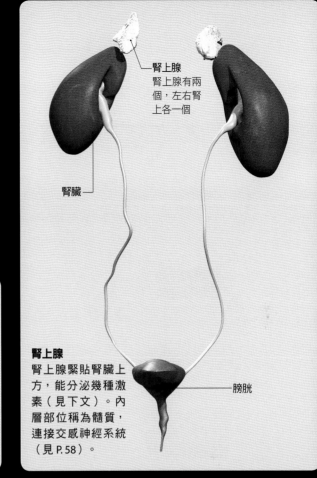

腎上腺
腎上腺有兩個，左右腎上各一個

腎臟

腎上腺
腎上腺緊貼腎臟上方，能分泌幾種激素（見下文）。內層部位稱為髓質，連接交感神經系統（見 P.58）。

膀胱

甲狀腺濾泡

甲狀腺組織以一環環的細胞組成，稱為濾泡，厚度只有區區一層細胞。甲狀腺激素儲存在這種濾泡中央，隨時可以因應需要釋出並納入循環。濾泡之間的「濾泡旁細胞」負責分泌降鈣素。

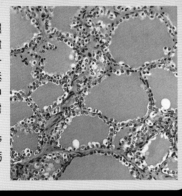

腎上腺素	功能
醛固酮	增加尿鉀排出量，促進保留水分和鈉。醛固酮分泌作用由腎素—血管收縮素系統負責調節。
皮質醇	刺激代謝，提高游離胺基酸、脂肪酸和葡萄糖的循環量。強化心臟收縮，促進保留水分，抑制發炎和過敏反應。皮質醇分泌作用由腦下腺前葉釋出的促腎上腺皮質素負責調節。
性激素，主要是雄性激素：睪固酮、二氫睪固酮、雄固烯二酮和去氫表雄固酮（DHEA）	對男性而言，性激素能調節性成熟、男性第二性徵和性驅力。對女性而言，少量雄性激素會影響性驅力。多數都經芳香酶催化，轉化為雌性激素（雌二醇、雌三醇和雌酮）。
腎上腺素	強化「戰鬥或逃逸」反應。
正腎上腺素	強化「戰鬥或逃逸」反應。
多巴胺	提高心率和血壓。

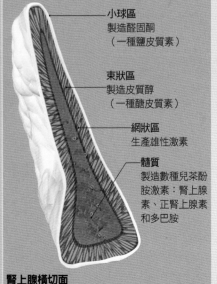

小球區
製造醛固酮（一種鹽皮質素）

束狀區
製造皮質醇（一種醣皮質素）

網狀區
生產雄性激素

髓質
製造數種兒茶酚胺激素：腎上腺素、正腎上腺素和多巴胺

腎上腺橫切面
腎上腺內含髓質，外覆皮質，皮質分三層。

胰臟

胰臟位於肝臟下方，緊貼十二指腸弧線生長
（見 P. 140-141）。胰臟兼具內、外分泌腺的
功能，能分泌激素直接注入血流，還能分泌
消化酶注入胰管。

（見 P. 140-141）

胰臟後視圖

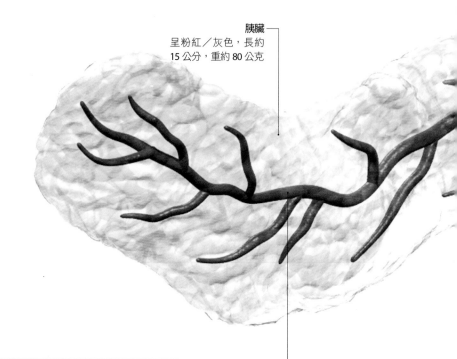

胰臟
呈粉紅／灰色，長約
15 公分，重約 80 公克

胰管
從尾端起始，朝中心流去。
胰小葉內管定期注入胰管

胰分泌物

每天約有一升胰液從胰外分泌細胞湧出，
匯入胰管輸往十二指腸。胰液略呈鹼性，
能幫忙中和剛進入十二指腸的胃容物的酸
度。

胰液會嚴重腐蝕其他組織，若從胰臟、腸
臟洩出就會引發嚴重炎症。

胰臟的分泌功能由胰泌素來調節，這種激
素由十二指腸對食糜反應生成（食糜是局
部消化的胃內食物）。胰分泌還受迷走神
經觸發，食物抵達胃部就會啟動。這表示
當食物來到十二指腸時，該有的酶都已經
就定位。

腺泡細胞

構成胰臟的大半成分，負責分泌酶注入微小導管。腺泡細胞群集組成胰泡，能
生產碳酸氫鹽以及幾種消化酶，包括分解蛋白質的胰蛋白酶、胰凝乳蛋白酶和
外肽酶。腺泡細胞還生產胰脂酶，用來分解脂肪分子，也製造胰澱粉酶，能分
解澱粉，化為較小單元，如含兩顆葡萄糖分子的雙醣，或含三顆葡萄糖分子的
三醣。這類分泌產物沿胰管輸運，取道法特氏壺腹（即肝胰管壺腹）進入十二
指腸（見 P. 140）。

（見 P. 140）

身體小百科

你的胰臟工廠

· 你的胰臟約含一百萬個胰島（又稱
  蘭氏小島，見對頁）。
· 胰島重只占胰臟總重的 2%。
· 胰島所含細胞 75% 是 β 細胞。
· β 細胞群透過連接雙方胞膜間隙的
  接合處彼此以電溝通（卻不與別種
  胰島細胞溝通）。
· 胰臟其餘 98% 重量得自腺泡細胞，
  這種細胞參與製造消化酶。

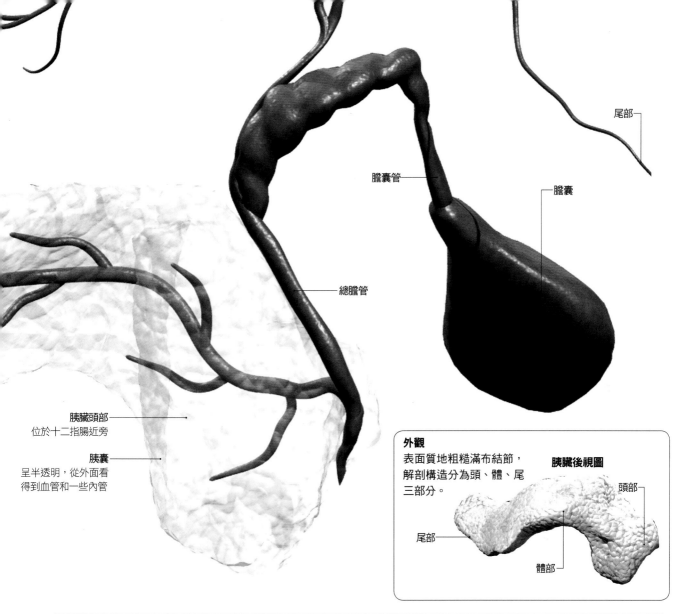

尾部

膽囊管

膽囊

總膽管

胰臟頭部
位於十二指腸近旁

胰囊
呈半透明，從外面看
得到血管和一些內管

外觀

表面質地粗糙滿布結節，
解剖構造分為頭、體、尾
三部分。

胰臟後視圖

頭部

尾部

體部

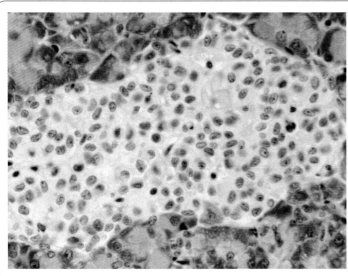

胰島（蘭氏小島）

胰臟的外分泌細胞稱為腺泡細胞（見對頁）。胰臟的
內分泌細胞群集構成胰島。胰島生產種種激素，循微
血管網絡直接注入血流，其細胞依所司功能區分五類：

· α 細胞製造升糖素，用來提高血糖值。

· β 細胞製造胰島素，用來降低血糖值，還生產胰澱
  素，這能延緩胃排空和消化速率，減少吸收納入循
  環的葡萄糖量；這種激素還能抑制升糖素之分泌。

· δ 細胞製造生長激素抑制素，用來抑制胰島素和升
  糖素釋出作用。

· ε 細胞製造腦腸肽，用來刺激食慾。

· F 細胞（主要見於胰臟頭部）製造胰多肽，用來調
  節胰臟的外分泌和內分泌活性。

這幾類細胞和產出的激素交互作用，並互助調節細胞
活性。

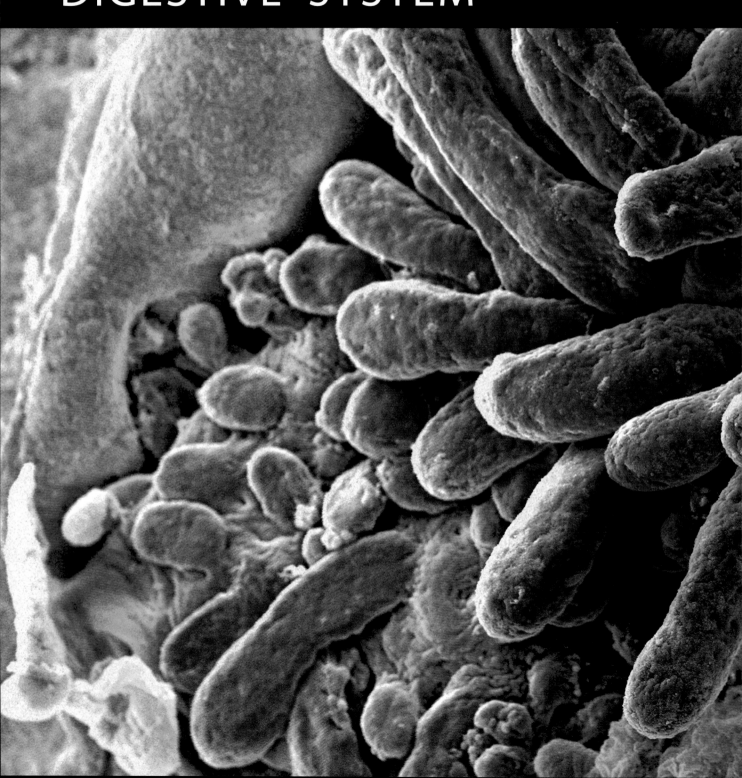

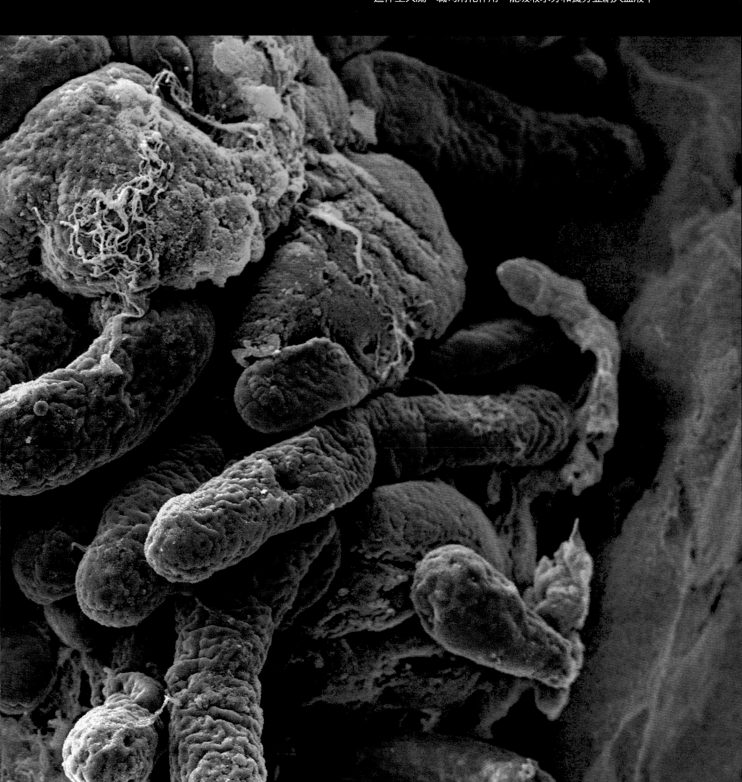

多不勝數的絨毛
小腸內襯的彩色掃描電子顯微圖像，由圖可見表面具相當多皺襞（紫色）。這些皺襞（稱為絨毛）伸入內腔，能擴大表面積。小腸從胃延伸至大腸，職司消化作用，能吸收水分和養分並納入血液中。

消化器官

你的胃腸道構成一條長管,從你的嘴巴開始,終點位於你的肛門括約肌。這條管道發揮食物處理系統功能,從一端收受複雜食物分子,結合運用機械和化學手段,把它分解成比較簡單又比較能溶解的成分以供吸收。產生的廢物從另一端排除。

食物的機械式分解由牙齒的咀嚼動作,以及胃壁肌肉的攪拌運動來進行。

化學破壞由幾類成分負責,包括胃壁分泌的酶和鹽酸,以及十二指腸腸壁、肝臟和胰臟的分泌液中的酶和鹼質。這類酸、鹼物質和酶都能溶解化學鍵,把複雜食物分子(蛋白質、碳水化合物、脂肪)分解成可供吸收的較簡單元件(胺基酸、糖、脂肪酸)。

多數養分都透過空腸和迴腸的腸壁吸收。過剩流質在結腸內吸收後,殘留的固態廢物則排出體外。

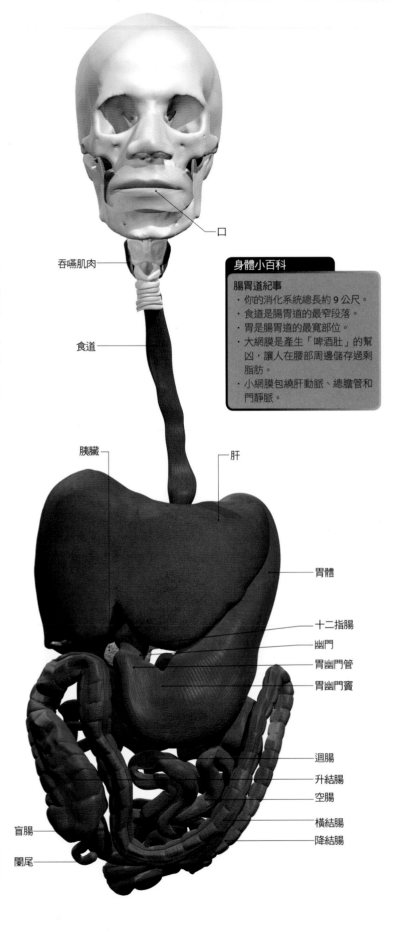

口

吞嚥肌肉

食道

胰臟

肝

胃體

十二指腸

幽門

胃幽門管

胃幽門竇

迴腸

升結腸

空腸

橫結腸

降結腸

盲腸

闌尾

身體小百科

腸胃道紀事

· 你的消化系統總長約 9 公尺。
· 食道是腸胃道的最窄段落。
· 胃是腸胃道的最寬部位。
· 大網膜是產生「啤酒肚」的幫凶,讓人在腰部周邊儲存過剩脂肪。
· 小網膜包繞肝動脈、總膽管和門靜脈。

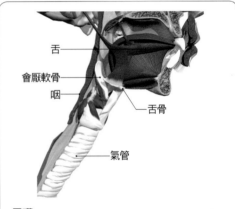

舌

會厭軟骨

咽

舌骨

氣管

吞嚥

舌頭把食物滾捲成球(食團)以便吞嚥,接著把它推到口後部位並觸動吞嚥反射。

咽之兩側分具顎咽皺襞,相互聚攏以確保只讓小型食團通行,同時舌後部位則升舉封住鼻咽,以免同時吸氣導致哽塞。

喉和舌骨朝前上舉,閉合會厭軟骨以免食物進入氣管。

咽喉縮肌收縮並觸動一波自發性蠕動,推擠食物沿食道向下進入胃中。

平時讓食道兩端保持閉合的兩環肌肉(上、下食管括約肌)開啟,讓食物通過,隨後再度閉合。吞嚥反射由腦幹的延髓和腦橋兩處中樞負責協調。

腹膜

腸和腹腔與骨盆腔各自襯覆單一透明膜。這種內襯稱為腹膜，組成一個兩層式大型囊袋，一層襯覆腔壁（稱為體壁腹膜），另一層則延展包覆腹內臟器和盆腔器官（稱為內臟腹膜）。兩層間以少量潤滑液分隔以防摩擦。體壁腹膜和內臟腹膜併合成雙薄層構造，稱為腸繫膜。從這裡可以連通血管、神經和淋巴系，支應消化道運用，並穩固各部位的相對位置。因此在消化運動（蠕動）進行當中或身體突然改變動作之時，

臟器才不會糾結在一起。

每片腸繫膜都含大量血管和淋巴管，利於預防感染取道腸子進入體內，還能幫忙儲存腹內脂肪。

胃大彎部底下懸垂一片內臟腹膜，構成圍裙狀薄片組織，稱為大網膜；胃小彎部底下還懸垂一片較小的腹膜。

腹膜讓腹內事物各就定位，讓臟器滑動而不相互摩擦。

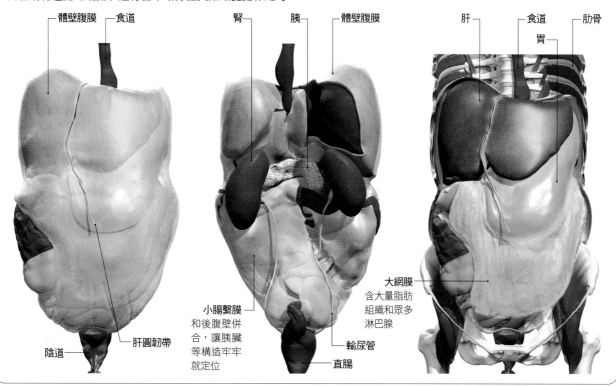

體壁腹膜　食道

腎　胰　體壁腹膜

肝　食道　肋骨　胃

陰道　肝圓韌帶

小腸繫膜
和後腹壁併合，讓胰臟等構造牢牢就定位

輸尿管

直腸

大網膜
含大量脂肪組織和眾多淋巴腺

蠕動

平滑肌規律收縮推送食物通過消化道。右邊三圖顯示食物經咀嚼後送下食道，最後來到小腸。下圖所示厚重外層（橙色圓環）含環肌和縱肌，兩種肌肉都協助將食物從腸道一端推向另一端。食物通過管腔（白色範圍）時由平滑肌和絨毛（紅、黃兩區）負責混合。

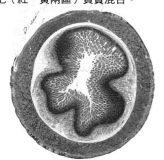

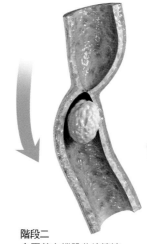

階段一
食團後方環肌收縮前方環肌鬆弛

階段二
食團前方縱肌收縮讓這個腸段縮短

階段三
環肌層以一波收縮推動食團前行

口

消化道的起點在口部，負責咬嚼、碎裂食物，化為
適合吞嚥的分量。

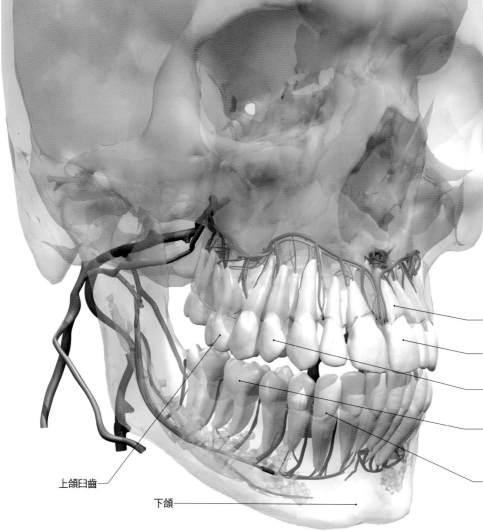

牙齒

成人一般有 32 顆永久齒。各齒牙
齦上方都有齒冠，外覆牙釉質，
還有一組外覆齒堊質的齒根。犬
齒、切齒（即門牙）和多數前臼
齒（上頜第一前臼齒除外）通常
各具一齒根。上頜第一前臼齒和
下頜臼齒通常都有兩根齒根，至
於上頜臼齒則通常有三根。

牙齒中央部分以牙髓室和幾條牙
髓管組成，牙髓管沿齒根分別向
下延伸，內含血管和神經。

牙齒的主要成分是象牙質，這是
種多孔性黃色結締組織，內含微
細管道（象牙質小管），向外放
射至牙齒表面。

牙齒靠深植於齒堊質內的牙周韌
帶附著於骨頭。各齒都以牙周膜
和底下的骨頭分開。

齒根
外覆齒堊質

切齒
一種刀片狀利齒

前臼齒
齒冠平坦並具牙脊，用來粉碎、搗爛和研磨

下頜臼齒
長在下顎，具大型平坦齒冠，用來粉碎、研磨

犬齒
呈錐形，有一道鋒利的牙脊線，齒尖銳利，用
來撕裂或切割

上頜臼齒

下頜

牙釉質

牙齒所有外露表面都覆
蓋牙釉質。這是身體最
堅硬的組織，卻是一種
無生命物質，一旦損傷
也無法自行修復。牙釉
質堅硬且具光澤，能保
護底下各齒層免受食物
酸質和冷熱的侵蝕。

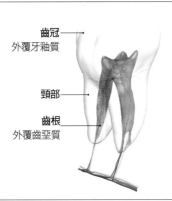

齒冠
外覆牙釉質

頸部

齒根
外覆齒堊質

象牙質

這是身體第二堅硬的組
織，象牙質就是牙釉質
底下的黃色物質。象牙
質稍具彈性，能防護牙
齒在咀嚼時不致破裂。

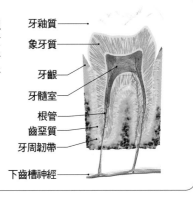

牙釉質

象牙質

牙齦

牙髓室

根管

齒堊質

牙周韌帶

下齒槽神經

咀嚼

食物進入口中就由味道、溫度和壓力受體
進行分析。食物先由牙、舌和顎部動作進
行機械式處理，接著混入黏液和唾液分泌
物予以潤滑、軟化。同時唾液澱粉酶也局
部消化碳水化合物。

一旦食物由牙齒切碎或撕碎，並由唾液分
泌物濕潤至所需稠度，這時就可以吞嚥了。
舌肌把食物滾捲成食團，接著就把這種球
團推向喉嚨後側，再由肌肉動作和神經反
射朝下送入食道，並推向胃部做進一步處
理（見 P. 128）。

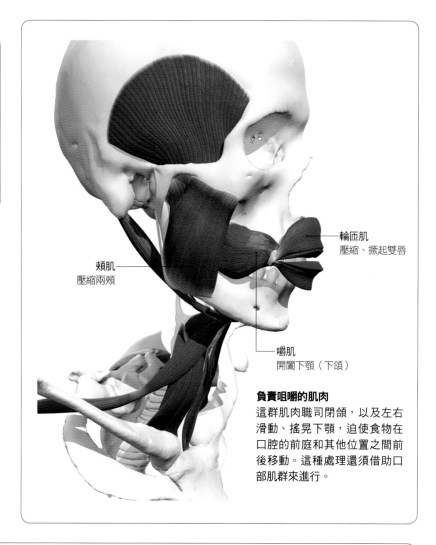

頰肌
壓縮兩頰

輪匝肌
壓縮、撅起雙唇

嚼肌
開闔下顎（下頜）

負責咀嚼的肌肉

這群肌肉職司閉頜，以及左右
滑動、搖晃下顎，迫使食物在
口腔的前庭和其他位置之間前
後移動。這種處理還須借助口
部肌群來進行。

唾液腺

唾液腺分泌唾液，依循唾液管注
入口中。唾液濕潤你的食物，唾
液酶則觸發消化歷程。唾液澱粉
酶著手分解澱粉，形成較簡單的
碳水化合物，如麥芽糖，此外唾
液解脂酶也開始分解膳食脂肪。
腮腺有兩個，分別頂在兩側顳顎
關節上方。腮腺是體積最大的唾
液腺，然而生產的唾液卻只占一
個人總唾液量的四分之一左右。
多數唾液（70%）都由口床底下
的頜下腺分泌。舌下腺位於舌
下，製造少量唾液（占 5%）。
口腔裡面還有好幾百個細小的
「次要」唾液腺，能分泌潤滑黏
液注入口中。

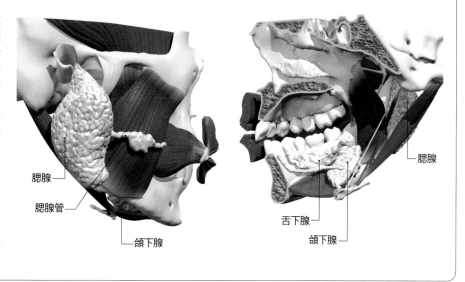

腮腺

腮腺管

頜下腺

腮腺

舌下腺

頜下腺

胃

胃是個 J 形中空肌肉囊，位於腹部左上方，緊附於你的橫膈膜底側。胃的上段稱為胃底，主要部位稱為胃體，下段則是幽門竇——這是個漏斗狀部位，通往幽門管和幽門括約肌。最後這處部位把胃和小腸前段十二指腸分隔開來。食道和胃相連的部分稱為賁門部，位置和第七肋軟骨齊平。

胃部分層

內臟腹膜下方是肌外層，由三層肌肉組成（含縱肌、環肌和斜肌）。

胃中層是黏膜下層，含一套為胃壁供血的微血管網絡。胃黏膜層區分三層，包括：一層細薄的平滑肌（黏膜肌層）、固有層（疏鬆性結締組織，含微血管、淋巴管和神經）以及內層的簡單柱狀分泌上皮。黏膜摺疊形成好幾百萬個胃小凹。

胃褶
黏膜上皮
黏液細胞
位於柱狀分泌上皮
胃小凹
構成通往胃腺的開孔
固有層
主細胞
胃壁細胞
黏膜肌層
黏膜下層
縱肌層

黏膜肌層
斜肌纖維
內臟腹膜
環肌層
淋巴結
動脈
靜脈

胃肌

除了常見的環肌層和縱肌層之外，胃還另含平滑肌，能幫助強化胃壁。由於胃壁含這群平滑肌，產生必要的攪拌動作來分解食物並混入胃液，最後才能形成食糜。

胃分泌物

胃小凹含若干腺體，能分泌幾種不同物質。黏液細胞製造黏蛋白，混水就能生成黏液。胃壁細胞（泌酸細胞）分泌鹽酸和「內在因子」，這是小腸（末端迴腸）吸收維生素 B12 不可或缺的成分。主細胞（胃酶細胞或酶原細胞）能分泌胃蛋白酶原（一種酶原，能藉鹽酸作用轉化成胃蛋白酶，用來分解蛋白質，產生一類胺基酸鏈，稱為胜肽），胃解脂酶（能分解膳食脂肪的酶）還有凝乳酶（這種酶具凝乳作用，能把酪蛋白原轉化為不可溶酪蛋白）。在嬰兒期之後胃蛋白酶會取代腎素的功能，其產量也隨之減少。

食物在胃中逗留共約六個小時。幾個小時之後，食物便轉化成半消化的乳脂狀漿汁，稱為食糜。一旦消化進行得差不多了，便出現陣陣波浪狀規律收縮，開始把胃內容物朝下推往幽門括約肌，並向外送入十二指腸。進入十二指腸的半消化食物愈來愈多，胃也隨之漸漸縮小。

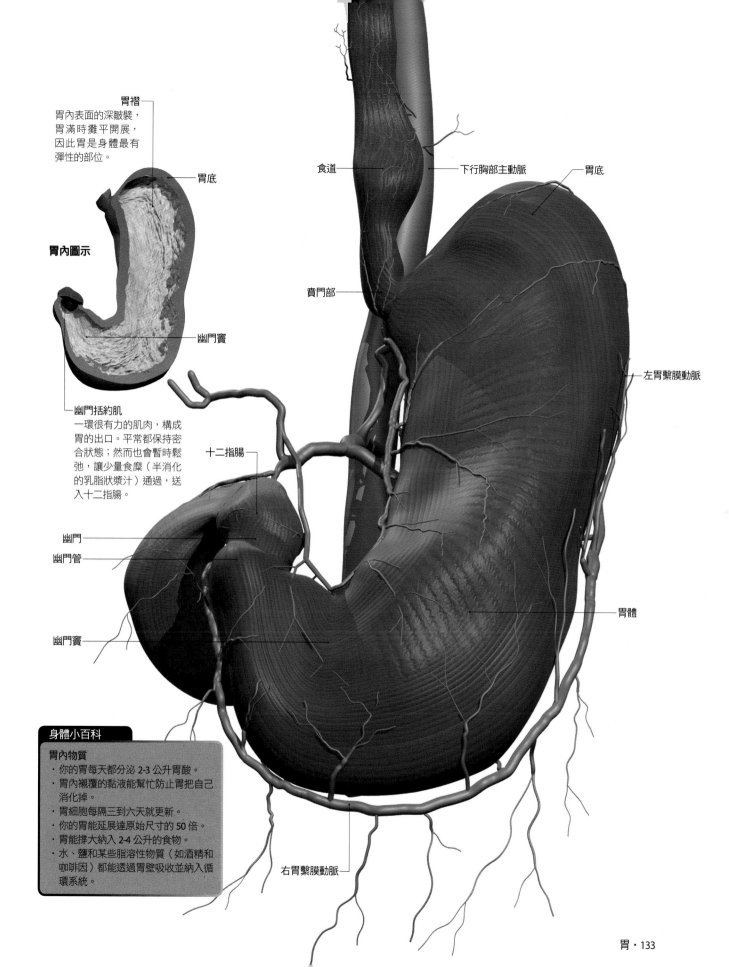

胃褶
胃內表面的深皺襞，
胃滿時攤平開展，
因此胃是身體最有
彈性的部位。

胃底

胃內圖示

食道

下行胸部主動脈

胃底

賁門部

幽門竇

幽門括約肌
一環很有力的肌肉，構成
胃的出口。平常都保持密
合狀態；然而也會暫時鬆
弛，讓少量食糜（半消化
的乳脂狀漿汁）通過，送
入十二指腸。

左胃繫膜動脈

十二指腸

幽門

幽門管

胃體

幽門竇

身體小百科

胃內物質
· 你的胃每天都分泌 2-3 公升胃酸。
· 胃內襯覆的黏液能幫忙防止胃把自己
  消化掉。
· 胃細胞每隔三到六天就更新。
· 你的胃能延展達原始尺寸的 50 倍。
· 胃能撐大納入 2-4 公升的食物。
· 水、鹽和某些脂溶性物質（如酒精和
  咖啡因）都能透過胃壁吸收並納入循
  環系統。

右胃繫膜動脈

小腸

你的小腸形成一條長管，纏捲盤繞納入腹腔。你的一生中，小腸都呈半收縮狀態，長約三公尺，不過若完全鬆弛，就可以伸展到六公尺或者更長。

蠕動

小腸壁有一外縱層，和一平滑肌內環層。縱肌收縮時，腸臟隨之縮短；環肌收縮時，腸道孔徑跟著收窄。這些肌層調和收縮，推送食物通過腸道，這種波狀運動就稱為蠕動。

十二指腸

小腸前端部分是十二指腸。這段彎曲的 C 形管環繞胰臟頭部，長約 25 公分，以腹膜固定於腹腔後壁，還藉十二指腸懸韌帶固定於一種肌腱結構，稱為橫膈膜左肌腳。

十二指腸的下行部分從胰管接收胰液，並取道總膽管收受肝臟的膽汁（見 P. 142）。胰臟分泌幾種消化酶（含胰蛋白酶、彈性蛋白酶、解脂酶和澱粉酶），循胰管注入十二指腸。

十二指腸的黏膜下層布滿「布氏腺」，這種腺體分泌大量鹼性黏液，內含碳酸氫鹽，能中和從胃送來的已消化食糜的酸度。

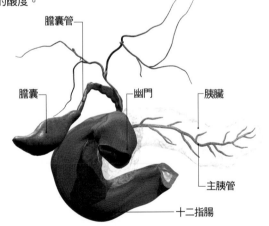

膽囊管

膽囊　　　幽門　　　胰臟

主胰管

十二指腸

身體小百科

沒有腸胃道怎麼行
- 養分吸收大半在你的空腸進行，那裡的供血最為豐富。
- 絨毛能擴大小腸的表面積達 30 倍。
- 你的小腸表面積約達 60 平方公尺。
- 你的小腸每天約處理 9 公升流質，其中 2 公升來自你的飲食，另外 7 公升是你分泌的消化液。
- 這批流質只有 1-2 公升通過你的大腸，其餘都由你的小腸吸收。
- 維生素 B12 由末端迴腸吸收，不過這必須存有一種名叫內在因子的物質（由胃部分泌）才能進行。
- 通常空腸內容物都完全無菌，迴腸內則可見幾種細菌。

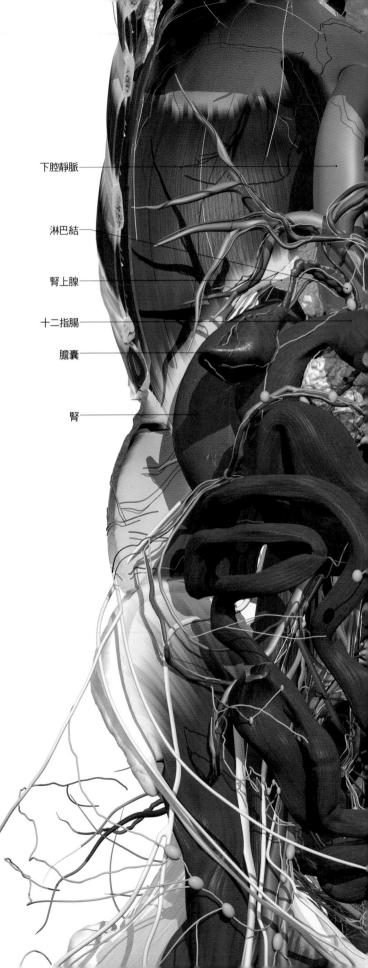

下腔靜脈

淋巴結

腎上腺

十二指腸

膽囊

腎

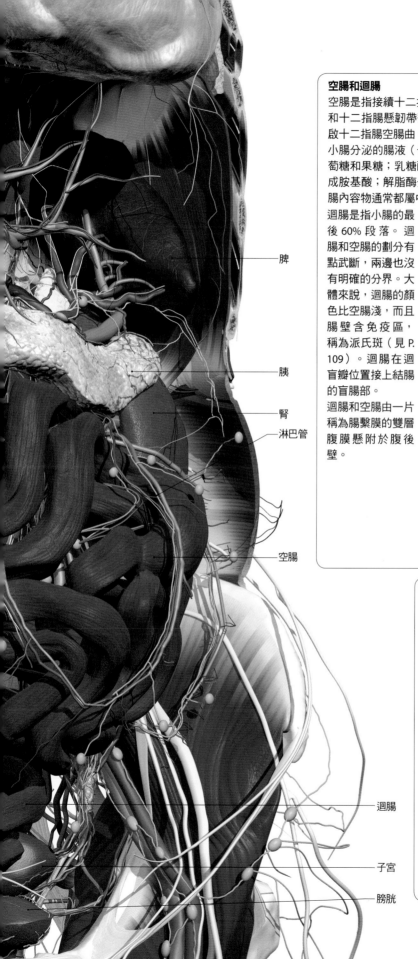

脾

胰

腎

淋巴管

空腸

迴腸

子宮

膀胱

空腸和迴腸

空腸是指接續十二指腸的前 40% 小腸部分。一般而言，空腸的腸段起點和十二指腸懸韌帶齊平，儘管稱為韌帶，其實卻是條懸肌，收縮時能開啟十二指腸空腸曲，讓食糜通過。

小腸分泌的腸液（也稱腸黏液）含好幾種酶。蔗糖酶分解蔗糖，生成葡萄糖和果糖；乳糖酶分解乳糖，生成葡萄糖和半乳糖；肽酶把胜肽分解成胺基酸；解脂酶分解三酸甘油酯，生成游離脂肪酸和甘油。空腸和迴腸內容物通常都屬中性或呈微鹼（pH 值 7–8）。

迴腸是指小腸的最後 60% 段落。迴腸和空腸的劃分有點武斷，兩邊也沒有明確的分界。大體來說，迴腸的顏色比空腸淺，而且腸壁含免疫區，稱為派氏斑（見 P. 109）。迴腸在迴盲瓣位置接上結腸的盲腸部。

迴腸和空腸由一片稱為腸繫膜的雙層腹膜懸附於腹後壁。

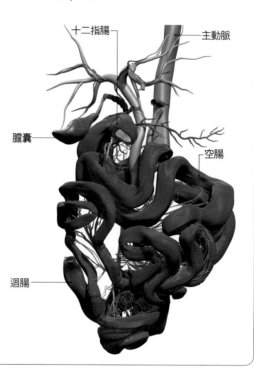

十二指腸　　　　主動脈

膽囊　　　　　　空腸

迴腸

吸收作用

空腸和迴腸的內襯表面滿布環狀皺襞，這是種永久皺襞，外表滿布指狀纖細突起，長約 1 公釐，稱為絨毛。絨毛能擴大腸壁表面積以加速吸收。空腸絨毛比迴腸絨毛長得多。

水溶性養分（如胺基酸和糖類）進入絨毛的微血管並輸往肝臟。脂溶性脂質進入絨毛的小淋巴管（乳糜管）並分布納入淋巴系統。

等食物抵達小腸末端並送進大腸後，消化程序也就完成。

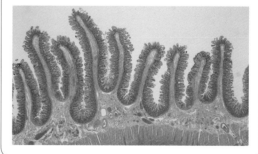

大腸

你的大腸構成一條長約 1 公尺的寬闊管道。就如小腸，大腸壁的肌肉通常也保持收縮，不過若完全鬆弛，長度就可以達到 1.5 公尺。大腸的主要功能是水分和電解質的再吸收，同時也讓腸內容物壓實成為糞便，還負責吸收重要的維生素，並儲存糞便物質留待排放。

腸臟運動

結腸內的蠕動由結腸的慢波來調節，這種波動沿著結腸傳播並逐漸加快。大腸從腸臟內容物吸收過剩流質、鹽和礦物質。結腸每天收受的腸臟內容物約達 2 公升，最後殘留供排泄的半固體廢物只有 200–250 毫升。

廢物進入直腸從肛管排出。當直腸充盈糞便，反射收縮便激發一股強大的排便衝動。肛門內括約肌能自主鬆弛，至於隨意識控制的外括約肌，則在你准許開啟之前都保持緊閉。

部分人平常都兩三天解大便一次，另有些人則每天都排便，還有些人則上大號多達三次。儘管每兩人當中不到一人每天排便，不過這倒是最常見的排泄習慣。

肌壁

大腸具兩大肌層，列置方法和小腸肌層不同。外層肌纖維構成三條縱向平滑肌帶，稱為結腸帶。這些肌帶拉扯結腸壁，讓它向外鼓起一串袋子，稱為結腸膨起。

身體小百科

重量級細菌

· 你的腸臟約含 11 兆細菌，總重 1.5 公斤。

· 你的糞便過半重量都來自細菌。

· 腸臟細菌發酵分解未消化的纖維，製造有益的維生素 K、生物素（即維生素 H）和葉酸鹽，並由身體吸收使用。

· 細菌代謝形成的物質主要是吲哚和糞臭素，糞便的特有臭味大半由此而來。

· 糞便的褐色得自腸臟細菌和膽汁交互作用形成的幾種色素（見 P. 141）。

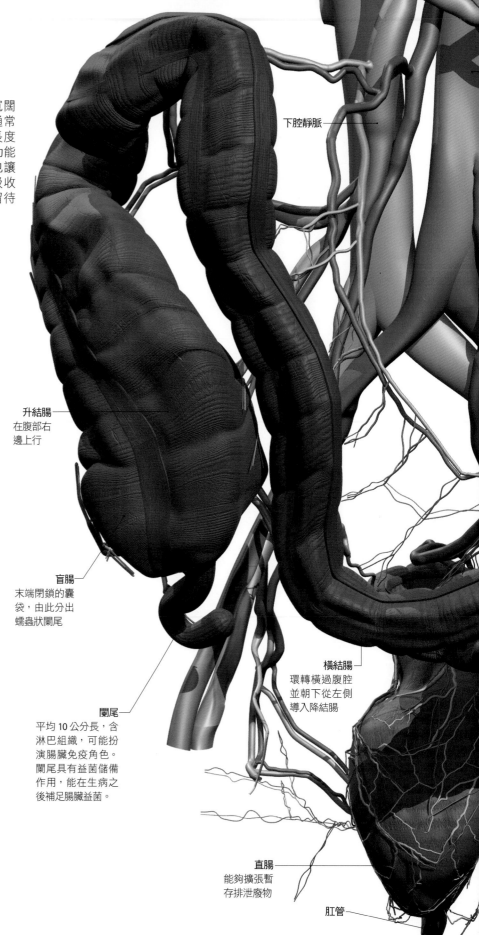

下腔靜脈

升結腸
在腹部右邊上行

盲腸
末端閉鎖的囊袋，由此分出蠕蟲狀闌尾

闌尾
平均 10 公分長，含淋巴組織，可能扮演腸臟免疫角色。闌尾具有益菌儲備作用，能在生病之後補足腸臟益菌。

橫結腸
環轉橫過腹腔並朝下從左側導入降結腸

直腸
能夠擴張暫存排泄廢物

肛管

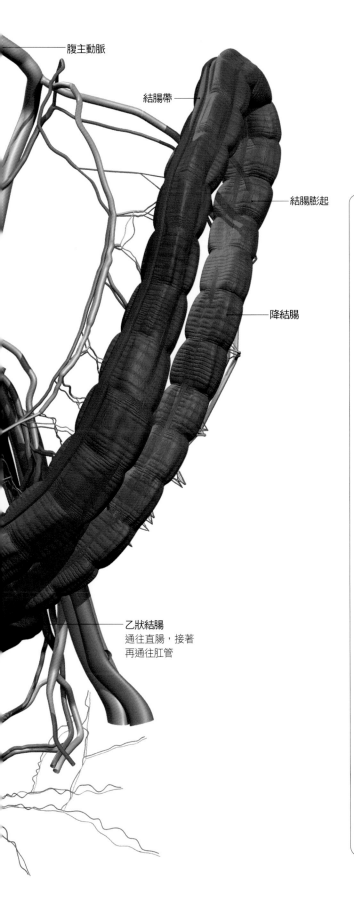

腹主動脈

結腸帶

結腸膨起

降結腸

乙狀結腸
通往直腸，接著
再通往肛管

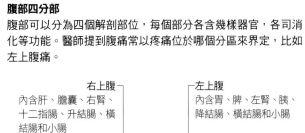

腹部四分部

腹部可以分為四個解剖部位，每個部分各含幾樣器官，各司消化等功能。醫師提到腹痛常以疼痛位於哪個分區來界定，比如左上腹痛。

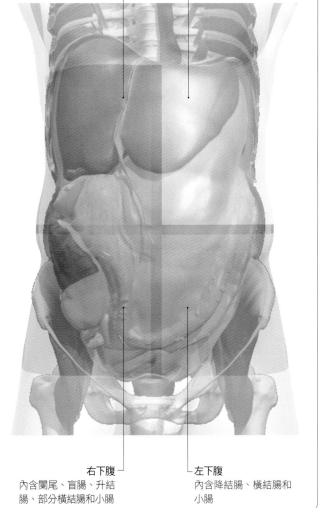

右上腹
內含肝、膽囊、右腎、十二指腸、升結腸、橫結腸和小腸

左上腹
內含胃、脾、左腎、胰、降結腸、橫結腸和小腸

右下腹
內含闌尾、盲腸、升結腸、部分橫結腸和小腸

左下腹
內含降結腸、橫結腸和小腸

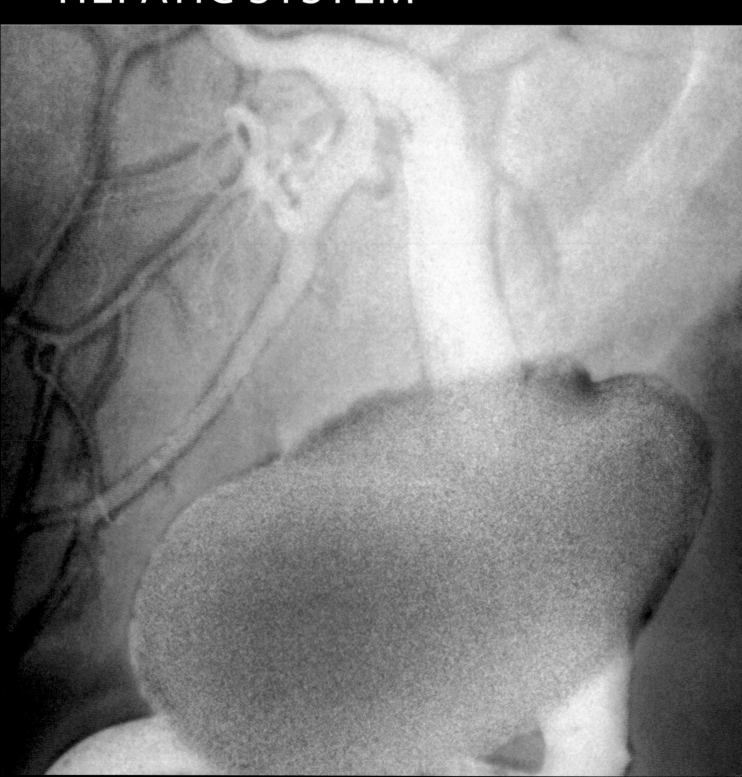

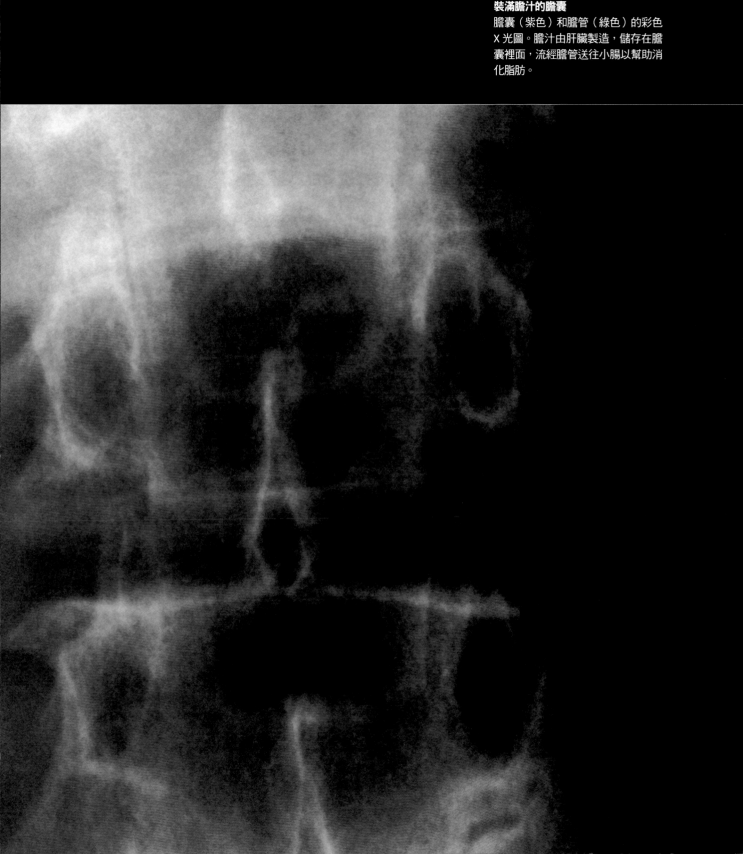

裝滿膽汁的膽囊
膽囊（紫色）和膽管（綠色）的彩色
X 光圖。膽汁由肝臟製造，儲存在膽
囊裡面，流經膽管送往小腸以幫助消
化脂肪。

肝系統

你的肝系統由肝臟、膽囊和胰臟組成。肝臟分泌膽汁，用來幫忙分解膳食脂肪。肝臟還收受、處理吸收的消化產物，並解除酒精等物質的毒性。膽囊用來儲存膽汁，胰臟則負責分泌消化酶。

恆定狀態

原意是指「維持原狀」，表示維繫正規條件，以保持體內均勢，包括溫度、水含量和幾千種不同物質的濃度，而這也是肝系統的最重要功能。其中多數事項都由肝臟來執行，每分鐘都過濾、調控一公升血液（見 P.142–143）。

膽囊的供血

膽囊的充氧血補給和養分都得自從右肝動脈分叉出來的膽囊動脈。膽囊靜脈從膽囊外流，注入肝門靜脈。

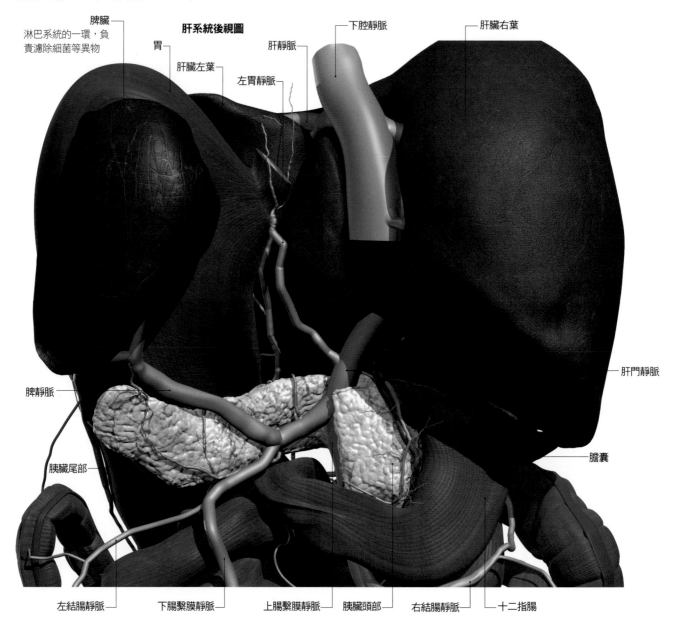

肝系統後視圖

脾臟
淋巴系統的一環，負責濾除細菌等異物

胃
肝臟左葉
左胃靜脈
下腔靜脈
肝靜脈
肝臟右葉

膽囊管 — 肝動脈
膽囊靜脈
膽囊動脈
膽囊
門靜脈
上腸繫膜靜脈
腹主動脈

脾靜脈
胰臟尾部

肝門靜脈
膽囊

左結腸靜脈　下腸繫膜靜脈　上腸繫膜靜脈　胰臟頭部　右結腸靜脈　十二指腸

膽囊

你的膽囊是個梨形囊袋器官，用來儲存膽汁。膽汁由肝臟製造，是種黃綠色類似清潔劑的物質，能把膳食脂肪經由乳化作用分解成小球滴以利吸收。膽囊長約 7–10 公分，容量為 30–50 毫升。

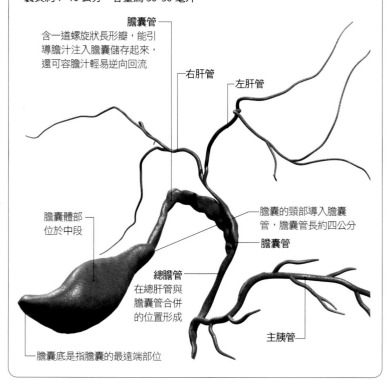

膽囊管
含一道螺旋狀長形瓣，能引導膽汁注入膽囊儲存起來，還可容膽汁輕易逆向回流

右肝管

左肝管

膽囊的頸部導入膽囊管，膽囊管長約四公分

膽囊管

膽囊體部位於中段

總膽管
在總肝管與膽囊管合併的位置形成

主胰管

膽囊底是指膽囊的最遠端部位

膽結石

膽結石是在膽囊內結晶構成石塊的沉積礦物和沉積鹽，多半以膽固醇構成，通常還混入鈣質和若干膽色素。年輕人罕見膽結石，然而到了 70 歲，男性每 10 人就有 1 人，女性每 4 人就有 1 人會結一顆膽結石。有些人結出許多膽結石且大小不一。女性的膽汁和膽囊表面都含雌激素，因此比較容易結膽結石；吃口服避孕藥也會提高結石風險。結石有可能留在膽囊好幾年卻無症狀。然而，若有顆結石堵住膽囊管、膽囊頸部或膽管，膽囊就會發疼、腫脹、發炎，必須予以移除。

身體小百科

你的身體需要膽汁
- 你每天製造 750-1,500 毫升膽汁。
- 你的膽囊能移除膽汁的水分，濃縮達五倍之多。
- 每 200 人有一人多出好幾條副膽管，在肝臟和膽囊管或膽管之間通行。
- 沒有膽囊也能活。動手術切除膽囊後，膽汁並不會間歇噴湧，而是徐徐淌流注入十二指腸，而且多數人都能繼續正常消化脂肪。
- 泌入腸道的膽鹽約 95% 都在末端迴腸重行吸收回收使用。
- 膽紅素呈黃色，膽綠素則是綠色的。結腸內部細菌進行的化學作用，把這兩類成分轉成糞便的褐色。若膽汁受阻無法從肝臟外流，糞便就會變成淡油灰色。
- 瘀青變成黃綠色的原因是，受傷組織在癒合期間，巨噬細胞會把血紅蛋白轉變為膽紅素和膽綠素所致。

膽汁

肝臟生產膽汁，流入總肝管，部分膽汁繼續流入總膽管，另有些則分流通過膽囊管，在那裡濃縮、儲存起來，留待下一餐時使用。

膽汁是種黃綠色鹼性流質，味苦。膽汁含水、碳酸氫鹽、膽色素、膽鹽、膽固醇和卵磷脂一類的磷脂質。這類成分都具有類似清潔劑的作用，能乳化大型脂肪球滴並生成微小的球滴（微膠粒）。脂肪化為微膠粒才比較容易以胰脂酶消化。膽紅素和膽綠素等膽色素都在肝細胞製造，採用的原料是老舊紅血球回收時分解出的血紅蛋白。

膽鹽（甘膽酸鈉和牛膽酸鈉）在肝細胞以膽固醇構成。這類物質外覆微膠粒以利溶解，方便腸道絨毛吸收納入乳糜管（見 P.126）。

半消化食物（食糜）進入十二指腸便觸發分泌膽囊收縮素。這種激素由十二指腸黏膜細胞負責分泌，用來促使膽囊收縮，並激使胰臟釋出消化酶。膽囊收縮素還能抑制胃部進一步排空，並開啟「歐迪氏括約肌」，這是一道瓣膜，可容膽汁和胰液從法特氏壺腹流入十二指腸。膽囊收縮素還影響腦部，引發飽足感受。

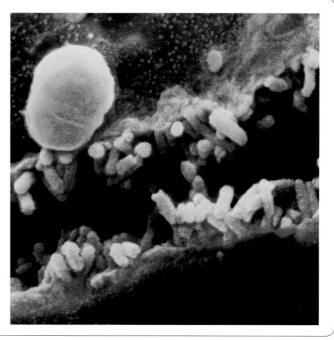

肝臟

肝臟位於你的上腹部，緊貼橫膈膜之下，就在胃和胰臟的上方。肝臟外覆一層內臟腹膜，這層腹膜以鐮狀韌帶把肝附著於你的腹前壁，還藉由肝冠狀韌帶把肝附著於腹後壁。肝臟還有一條圓韌帶，向下通往肚臍。

肝細胞

肝臟含數十億顆肝細胞，排成一個個肝小葉，這是種六邊形柱體，彼此以一層結締組織分隔。肝細胞職司：

- 分解血紅蛋白來製造膽色素（膽紅素和膽綠素）。
- 生產膽汁，這是一種黃綠色液體，能在十二指腸內乳化脂肪以幫助消化。
- 處理膳食脂肪來製造三酸甘油酯和膽固醇。
- 處理膳食胺基酸來製造蛋白質（如職司凝血的白蛋白和球蛋白）和葡萄糖。
- 以其他建構模塊（如乳酸）製造新的胺基酸。
- 把氨轉化成尿素。氨是胺基酸代謝廢料，又稱阿摩尼亞。
- 以甘油、乳酸和幾種胺基酸（如丙胺酸）製造新的葡萄糖。
- 把過剩葡萄糖化為肝醣儲存起來。肝醣是一種澱粉質應急燃料，必要時（如整夜禁食）能釋出葡萄糖來維持血糖值。
- 儲存脂溶性維生素（A、D、E、K及B12等維生素）和某些礦物質（如鐵和銅）。
- 生熱為通過的血液加溫。
- 清除血中毒物（如酒精）並解除其毒性。
- 免疫「濾器」作用，濾除肝門靜脈從腸道帶來的抗原。

肝細胞主要採三種方式來清除毒物並解除毒性：以化學方式改變毒物使之溶於水，才更方便經由腎臟排除；把毒物泌入膽汁，經由腸道排出體外；藉吞噬作用解毒，由出自骨髓的巨噬細胞來吞噬、消化毒素、細菌和病毒。肝臟裡面的巨噬細胞稱為「庫氏細胞」。

身體小百科

你的心肝寶貝

- 肝臟是體內最大的內臟，也是最大的腺體。成人的肝臟重約1.5公斤。
- 你的肝臟能夠再生——就算動手術切除75%肝葉，通常仍能長回來。
- 胎兒的紅血球主要在肝臟形成，後來才由骨髓取代這項功能。
- 你的肝圓韌帶是左臍靜脈的殘餘，這條靜脈負責從胎盤向胎兒的肝臟輸運血液。
- 輸往你肝臟的血液，約75%是依循肝門靜脈流入的靜脈血。
- 肝臟的獨有特色是同時得到（來自肝動脈的）充氧血和（來自肝門靜脈的）去氧血。源自兩方的血液在肝臟細胞間隙（竇狀隙）混合，排入肝靜脈，接著再由此流入下腔靜脈。

肝臟的分葉
肝臟背側可見兩片較小肝葉：方葉和尾葉，兩葉的功能都歸屬左葉的一部分

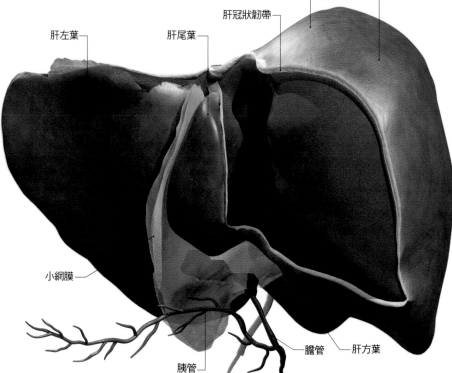

肝左葉　肝尾葉　肝冠狀韌帶　肝右葉　內臟腹膜

小網膜

胰管　膽管　肝方葉

圓韌帶

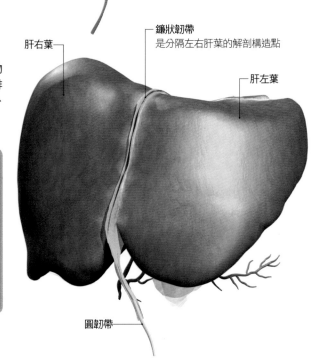

肝右葉　鐮狀韌帶　是分隔左右肝葉的解剖構造點　肝左葉

圓韌帶

肝組織

肝細胞組成約 100 萬個肝小葉，各小葉直徑約一公釐。肝細胞構成一套「鑲板」，排列狀似輪輻；鑲板間隙（竇狀隙）含血液，都由肝門靜脈和肝動脈傳輸過來。肝細胞吸收血中化學物質並釋出蛋白質納入血中。下圖為肝組織的電子顯微攝影，由圖可見細小的肝細胞。膽汁是肝臟製造的流質，積聚在肝細胞之間的膽小管內。膽汁外流至門脈區，匯聚流入膽管。

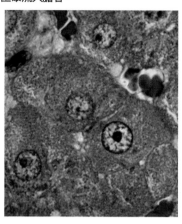

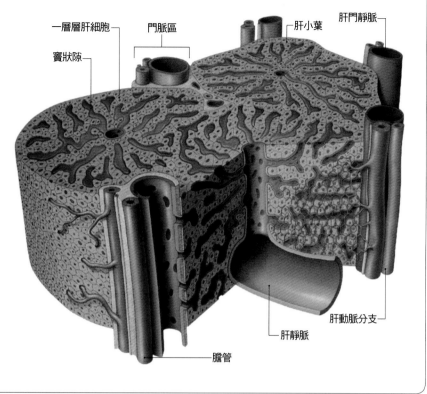

一層層肝細胞
竇狀隙
門脈區
肝小葉
肝門靜脈
肝動脈分支
肝靜脈
膽管

肝臟的血液供給

肝臟的罕見特色是同時接收兩套供血。充氧血經由肝動脈供應，富含養分的血液則取道肝門靜脈，從腸子輸來。

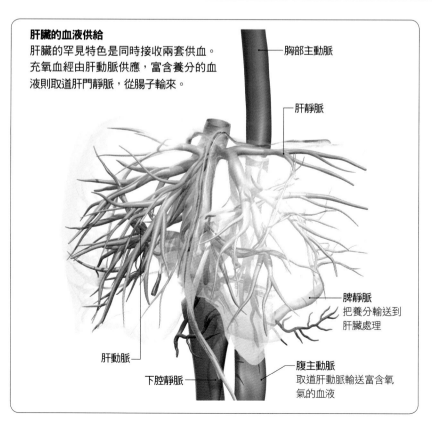

胸部主動脈
肝靜脈
脾靜脈
把養分輸送到肝臟處理
肝動脈
下腔靜脈
腹主動脈
取道肝動脈輸送富含氧氣的血液

肝門脈系統

肝臟的血液從肝靜脈流出，直接進入下腔靜脈。

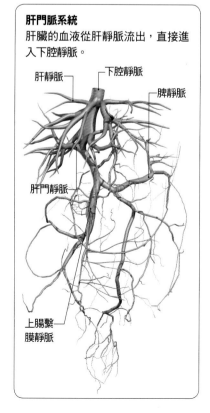

肝靜脈
下腔靜脈
脾靜脈
肝門靜脈
上腸繫膜靜脈

泌尿系統

URINARY SYSTEM

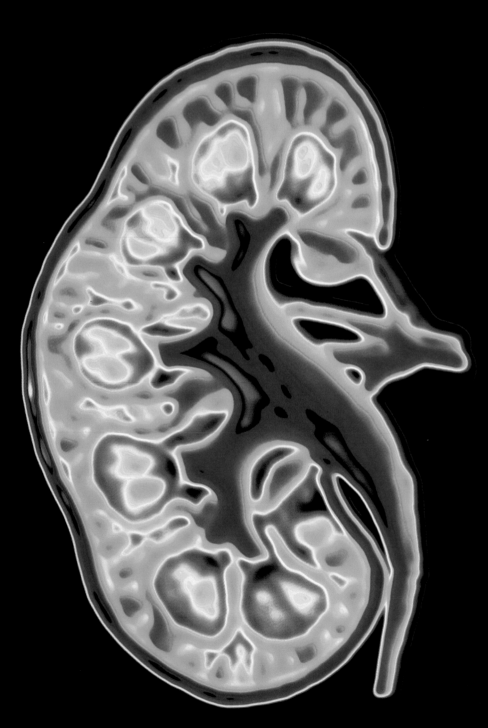

色彩繽紛的腎臟
這是一幅數位上彩呈現的泌尿系統主要器官圖像。細薄深藍外層（即皮質）環繞橙、黃和淺藍色髓質區，這些區域含有泌尿和集尿結構。尿液經由藍色長管（即輸尿管）離開腎臟。兩側腎臟都從右中部位的深藍短管（即腎動脈）接收血液。

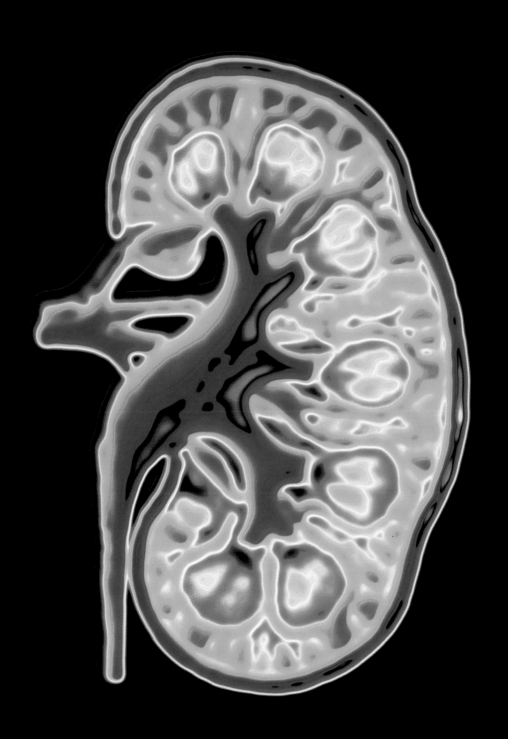

泌尿結構

你的泌尿系統負責過濾血液，清除過剩的流質、鹽和可溶性廢物。泌尿系統由腎臟、輸尿管、膀胱和尿道組成。腎臟把血中的流質和廢物濾出，濃縮形成尿液；輸尿管是一組細管，尿液循此流出腎臟；膀胱是個能擴張的囊袋，用來儲存尿液。尿道是尿液從膀胱排出外界的管道。你的腎臟經由腎動脈取得血液，過濾後流過腎靜脈回到下腔靜脈。

尿液

尿液約 95% 是水，加上水溶性廢物，比如尿素（肝臟代謝副產品）、肌酸酐（肌肉代謝時生成）、尿酸（老舊 DNA 和 RNA 循環回收時生成的廢料）和過剩鹽分，如鈉、鉀、氯化物、磷酸鹽和硫酸鹽。

尿液通常不含細菌，顏色從淡麥稈色到深橙黃色不等，實際得看水合作用的水平而定。尿液散發淡淡的氣味，濃度愈高氣味愈強。女性或許會注意到，在一個月當中，自己的尿液氣味會隨日子改變，這時由於尿中含有激素分解產物。

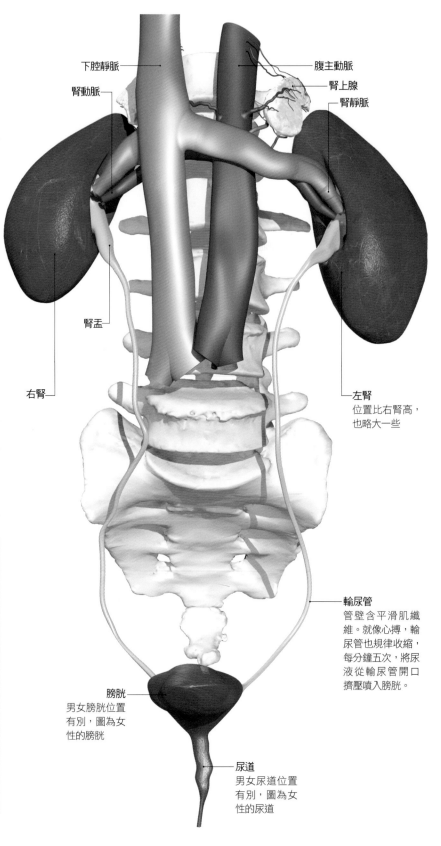

下腔靜脈

腹主動脈

腎動脈

腎上腺

腎靜脈

腎盂

右腎

左腎
位置比右腎高，也略大一些

輸尿管
管壁含平滑肌纖維。就像心搏，輸尿管也規律收縮，每分鐘五次，將尿液從輸尿管開口擠壓噴入膀胱。

膀胱
男女膀胱位置有別，圖為女性的膀胱

尿道
男女尿道位置有別，圖為女性的尿道

膀胱

腎臟製造的尿液循輸尿管滴入膀胱。膀胱是個中空肌囊，負責儲存尿液，並不影響濃度或其成分比例。膀胱在你的恥骨後方，位於骨盆腔前部。膀胱清空時樣子就像個金字塔，尖頂對著你的恥骨朝前上指。充盈時呈卵圓形，在你的腹前壁後方鼓起。

膀胱壁以厚實的逼尿肌組成。一圈圈互鎖平滑肌纖維形成縱向和環狀的螺紋狀纖維束，這種構造讓膀胱壁得以擴張、收縮。膀胱底的肌束分朝兩側伸展到尿道，稱為尿道內括約肌。

膀胱內壁（黏膜層）內襯複層細胞，能收縮、擴張（這些層次稱為「變移上皮」）。變移上皮形成皺襞（褶），膀胱清空時看得很明顯，充盈伸展時就會拉平。

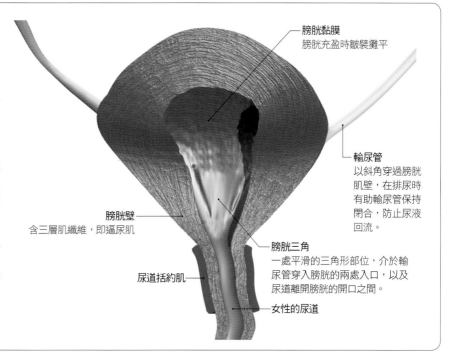

膀胱黏膜
膀胱充盈時皺襞攤平

輸尿管
以斜角穿過膀胱肌壁，在排尿時有助輸尿管保持閉合，防止尿液回流。

膀胱壁
含三層肌纖維，即逼尿肌

膀胱三角
一處平滑的三角形部位，介於輸尿管穿入膀胱的兩處入口，以及尿道離開膀胱的開口之間。

尿道括約肌

女性的尿道

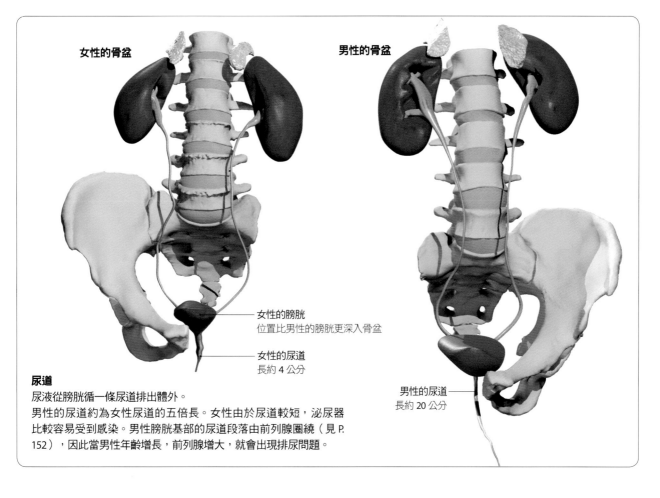

女性的骨盆

男性的骨盆

女性的膀胱
位置比男性的膀胱更深入骨盆

女性的尿道
長約 4 公分

男性的尿道
長約 20 公分

尿道

尿液從膀胱循一條尿道排出體外。

男性的尿道約為女性尿道的五倍長。女性由於尿道較短，泌尿器比較容易受到感染。男性膀胱基部的尿道段落由前列腺圈繞（見 P. 152），因此當男性年齡增長，前列腺增大，就會出現排尿問題。

腎臟

你的腎臟位於腹部後側，在腹膜後方，模樣像兩顆豆子。

腎臟長 9–12 公分，職司四大功能：過濾血液、排泄水溶性廢物、調節血量，還有合成及生產幾種激素（紅血球生成素和腎素）。腎臟還扮演關鍵角色，負責調節你的血鹽水平、血壓和血液酸度。

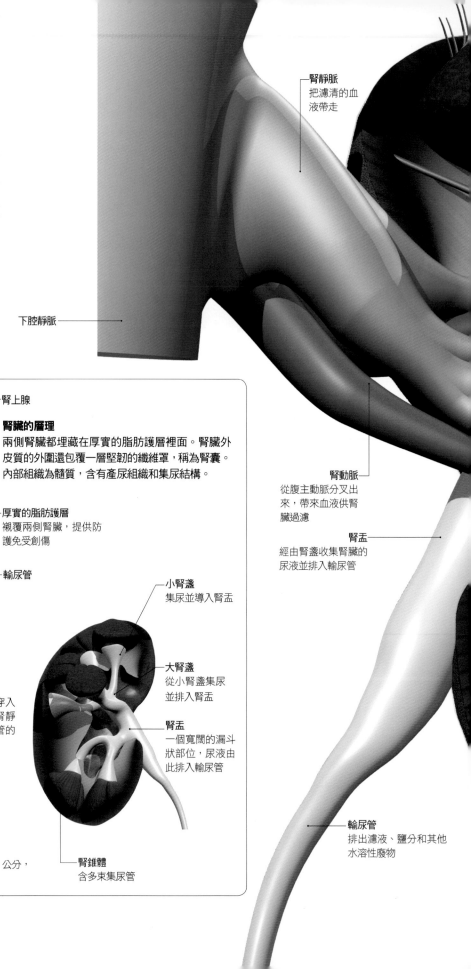

腎靜脈
把濾清的血液帶走

下腔靜脈

腎上腺

腎臟的層理
兩側腎臟都埋藏在厚實的脂肪護層裡面。腎臟外皮質的外圍還包覆一層堅韌的纖維罩，稱為腎囊。內部組織為髓質，含有產尿組織和集尿結構。

厚實的脂肪護層
襯覆兩側腎臟，提供防護免受創傷

輸尿管

腎動脈
從腹主動脈分叉出來，帶來血液供腎臟過濾

腎盂
經由腎盞收集腎臟的尿液並排入輸尿管

小腎盞
集尿並導入腎盂

大腎盞
從小腎盞集尿並排入腎盂

腎門
是腎動脈穿入點，也是腎靜脈和輸尿管的穿出點

腎盂
一個寬闊的漏斗狀部位，尿液由此排入輸尿管

腎囊
以膠原纖維組成，厚約 1 公分，提供機械性防護

腎錐體
含多束集尿管

髓質

輸尿管
排出濾液、鹽分和其他水溶性廢物

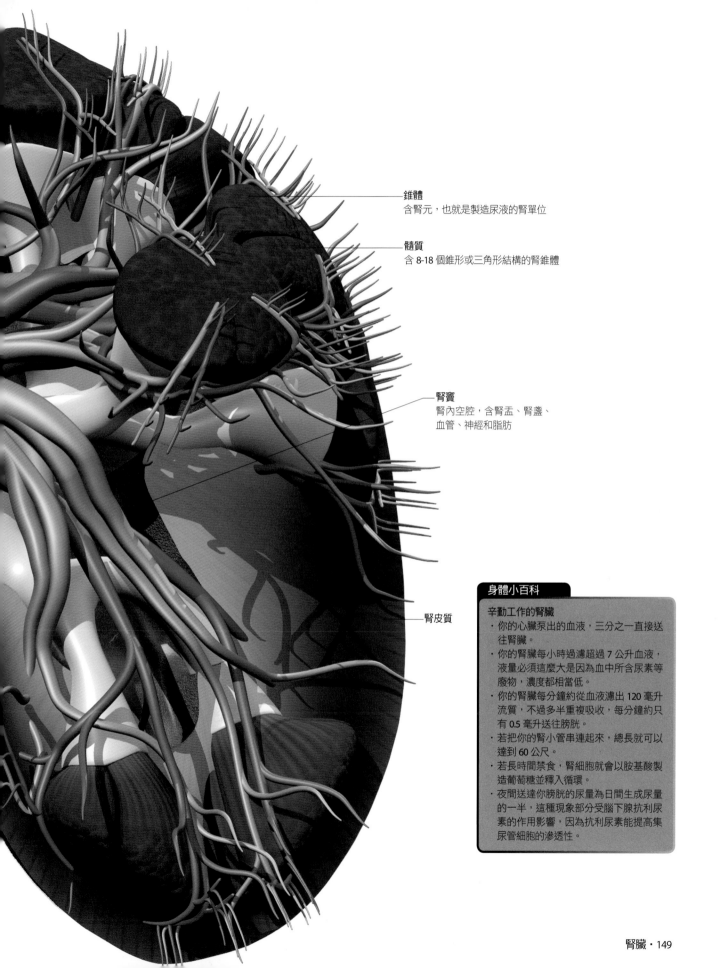

錐體
含腎元，也就是製造尿液的腎單位

髓質
含 8-18 個錐形或三角形結構的腎錐體

腎竇
腎內空腔，含腎盂、腎盞、
血管、神經和脂肪

腎皮質

身體小百科

辛勤工作的腎臟
· 你的心臟泵出的血液，三分之一直接送
  往腎臟。
· 你的腎臟每小時過濾超過 7 公升血液，
  液量必須這麼大是因為血中所含尿素等
  廢物，濃度都相當低。
· 你的腎臟每分鐘約從血液濾出 120 毫升
  流質，不過多半重複吸收，每分鐘約只
  有 0.5 毫升送往膀胱。
· 若把你的腎小管串連起來，總長就可以
  達到 60 公尺。
· 若長時間禁食，腎細胞就會以胺基酸製
  造葡萄糖並釋入循環。
· 夜間送達你膀胱的尿量為日間生成尿量
  的一半，這種現象部分受腦下腺抗利尿
  素的作用影響，因為抗利尿素能提高集
  尿管細胞的滲透性。

生殖系統
REPRODUCTIVE SYSTEM

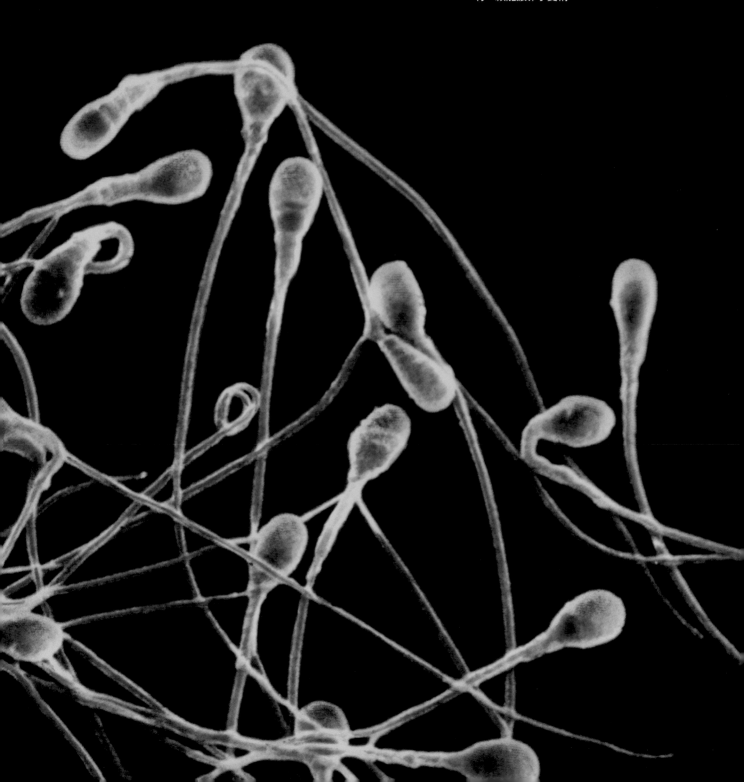

小而有力的精細胞
這群微小的男性生殖細胞負責讓女性卵子受精。圓頭內含男性 DNA，長尾負責推動朝卵子前進。睪丸每次釋出約三億顆精子，最後卻只有一顆能讓卵子受精。

男性生殖系統

男性生殖系統的組成含陰莖、睪丸和幾種附屬腺體，加上把它們串連起來的幾條管道。睪丸和腺體共同生產一種流質，稱為精液。

外生殖器

體外生殖器官（含陰莖和陰囊）稱為性器。陰囊是個富含肌纖維的鬆弛皮囊。陰囊和肛門以一處名叫會陰的纖維組織分隔。

和身體其他部位的皮膚相比，陰囊皮膚的皺紋較多，顏色也較深，往往還帶著微紅。陰囊由一片細薄內膜分隔成兩個區間，各含一個睪丸。睪丸位於骨盆外，維持低於常態體溫 4~7℃，這是正常生產精子（精細胞）的要件。

陰莖

陰莖含三個勃起組織圓柱體：上方兩條陰莖海綿體，還有一條尿道海綿體。尿道海綿體在中央延伸從底邊提舉。這些圓柱體由一層纖維狀堅韌外套包覆，稱為海綿體白膜。

陰莖外覆一層鬆軟皮套，這層細薄無毛的皮膚含皺褶肌纖維且反摺形成包皮。包皮從底側繫於龜頭，形成一道皮膚稜脊，稱為繫帶。繫帶含一條小動脈。包皮能協助保持龜頭濕潤、敏感。受過割禮的男性，包皮已經動手術割除（通常在出生後不久就因宗教理由施行）。包皮環割術完成後，龜頭表皮質地不再柔軟、濕潤，累積了較多纖維狀蛋白質（角蛋白），龜頭變得更像普通皮膚，性敏感度也可能局部喪失。

射精管和儲精囊

射精管位於膀胱後側的輸精管和儲精囊會合處。射精管在膀胱基部穿過前列腺，把精液導入陰莖。

儲精囊是兩個盤繞囊袋，長約 5 公分。兩囊分泌的淡黃色流質富含果糖以滋養精子，還有蛋白質讓精液凝結（以便在陰道逗留較久）。流質注入一條管道，管道分在兩側與輸精管會合，形成左、右射精管。

尿道

這條管道穿過前列腺和陰莖，兼具尿液和精液導管的作用，卻非同時進行。

尿道球腺

又稱「考珀氏腺」，位於前列腺後側，能在射精前一刻生產一種滑溜流質。這種流質能幫忙沖走尿道殘尿，並提供潤滑。

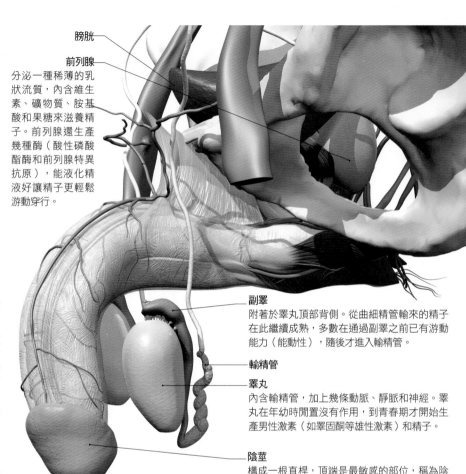

膀胱

前列腺
分泌一種稀薄的乳狀流質，內含維生素、礦物質、胺基酸和果糖來滋養精子。前列腺還生產幾種酶（酸性磷酸酯酶和前列腺特異抗原），能液化精液好讓精子更輕鬆游動穿行。

副睪
附著於睪丸頂部背側。從曲細精管輸來的精子在此繼續成熟，多數在通過副睪之前已有游動能力（能動性），隨後才進入輸精管。

輸精管

睪丸
內含輸精管，加上幾條動脈、靜脈和神經。睪丸在年幼時閒置沒有作用，到青春期才開始生產男性激素（如睪固酮等雄性激素）和精子。

陰莖
構成一根直桿，頂端是最敏感的部位，稱為陰莖頭（即龜頭）。男性的尿道開口位於龜頭先端或先端正下方。性興奮時陰莖會腫脹伸長。

精液

一種黃白珍珠色分泌物，內含種種流質，分由睪丸、副睪、儲精囊、前列腺和尿道球腺泌出。精液含有精子及養分（如果糖、維生素和礦物質）。精液所含前列腺素作用類似激素，能促使女性子宮頸「撅起」，方便精子游入，還能促進女性上生殖道的收縮作用，推動精子前行。每毫升精液約含一億顆精子，每次射精平均含 3.3 億顆。

身體小百科

陰莖揭祕

· 若把副睪拆解開來則每條約為 6 公尺長。

· 進行輸精管切除術時把兩條細窄肌管（輸精管）都切斷結紮。

· 每條輸精管的中央管徑約只有一根粗毛那麼寬。

· 提睪肌位於精索裡面，職司提睪肌反射。這是天冷時和遇上壓力時把睪丸上提拉向腹股溝管的不隨意動作（見 P.154）。

· 前列腺含數百萬個微小腺體，彼此以肌細胞和纖維細胞分隔。

· 成人的陰莖疲軟時平均長度為 8.3 公分，周長則為 8.1 公分；勃起時長度為 13.6 公分，周長則為 10.9 公分。

· 多數男性每晚睡眠中平均體驗五次勃起，每次持續約 30 分鐘。夜間勃起發生在快速眼動睡眠期。

女性生殖系統

女性生殖系統的組成含陰蒂、陰道、子宮頸、子宮、輸卵管和卵巢。這套系統不只產出卵子，還為發展中胎兒提供一個「家」。

女性生殖器官

女性的生殖器官分為內、外兩群。外生殖器指陰戶（見下圖），以稱為會陰的纖維組織區和肛門分隔。內生殖器指陰道、子宮、卵巢和輸卵管。陰道把陰戶和上生殖道連接起來。陰道壁具皺褶又很有彈性，平常保持相觸，因此陰道管橫切面呈 H 形。陰道會分泌一種淺乳黃色的排放液，含有抗體和乳酸菌。乳酸菌能分泌乳酸，有助於抵禦感染。處女膜是一片細薄的穿孔黏膜，小女孩的處女膜局部覆蓋陰道入口。到了青春期，往往在運動時或插入衛生棉條時自然破裂。處女膜可容排放液和經血流過。若是首次性交時還在，就可能撕裂並略微出血，不過初次性交時不覺得痛或沒有流血也同樣常見，處女膜狀態並不是童貞的可靠指標。

卵巢
共兩個，是種杏仁形腺體，各約 3 公分長。卵巢在年幼時閒置沒有作用，到青春期才開始生產性激素（雌性激素和黃體素）並定期釋出一顆卵子。

輸卵管
共兩條，從子宮伸出。輸卵管末端敞開狀似漏斗，還有手指狀繖部，排卵後用來採集卵子。輸卵管的內襯會分泌一種滋養流質，表面長滿毛髮狀突起，稱為纖毛，負責把排出的卵子朝下輸往子宮，也協助在性交後把精子推向卵子。

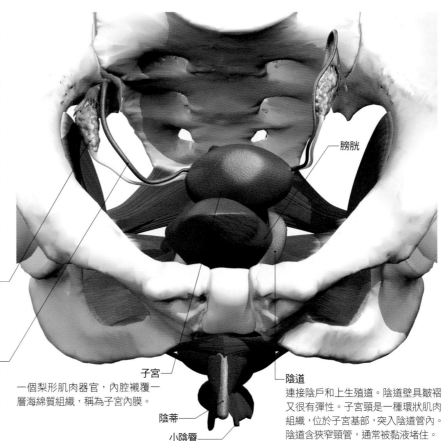

膀胱

卵巢

輸卵管

子宮
一個梨形肌肉器官，內腔襯覆一層海綿質組織，稱為子宮內膜。

陰蒂

小陰唇

陰道
連接陰戶和上生殖道。陰道壁具皺褶又很有彈性。子宮頸是一種環狀肌肉組織，位於子宮基部，突入陰道管內。陰道含狹窄頸管，通常被黏液堵住。

外生殖器

也稱為陰戶，由小陰唇和大陰唇、陰蒂和陰阜（一處脂肪組織部位，負責保護恥骨）組成。成年女性的陰戶外表覆蓋陰毛，能調節生殖器周邊的氣流又能保暖，還能捕捉費洛蒙（和性吸引力有關的化學物質，見 P.70）。

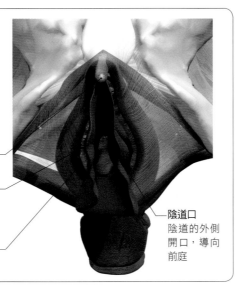

陰蒂
相當於女性的陰莖，結構也相仿

小陰唇
一對紅色的細薄皮褶，環繞陰道入口。小陰唇的大小、形狀不等，通常其中一片比較長。

球海綿體肌
上覆大陰唇，包繞兩側的小陰唇

陰道口
陰道的外側開口，導向前庭

陰道分泌物

陰道靠子宮頸和陰道內襯分泌的物質來保持清潔、濕潤。這類分泌物含抗體和乳酸菌。乳酸菌能分泌乳酸，有助於抵禦感染。由於月經周期過程會泌出不同激素（見 P.155），陰道分泌物的性質也隨之改變，因此可以這種自然變化判定受孕能力。在周期前半段，當雌性激素含量提高，子宮頸黏液量增多，也變得更澄清、更有延展性。這種黏液為精子提供鹼性滋養媒材，稱為可孕黏液。事實上，女性在出現這種黏液的那兩、三天期間也最能受孕。到了月經周期後半段，排卵發生且雌性激素含量降低，子宮頸黏液便隨之減少，也較不透明。

生殖細胞

男性睪丸和女性卵巢負責生產生殖細胞，也就是配子。生殖細胞十分特別：每一顆精子和卵子的細胞核都只含 23 個染色體，而你其他的體細胞都含 46 個，配成 23 對。生殖細胞都經由特殊的「減數分裂」過程生成。受精時，精子的頭部鑽入卵子，雙方的遺傳資訊結合，產生出一套含 46 個染色體的新生兒藍圖。

睪丸

睪丸含睪丸和副睪兩部分。一枚睪丸含幾千條長管迴圈，稱為曲細精管。曲細精管內襯原胚生殖細胞，稱為精原細胞，到青春期才會活躍起來。接著男性就開始生產精子並持續終生。精子在曲細精管中生成，藉渦流推動前進至睪丸輸出管，接著就進入副睪。精子抵達副睪時仍繼續成熟，必須等到它們快要離開副睪，進入輸精管之時才能游動。

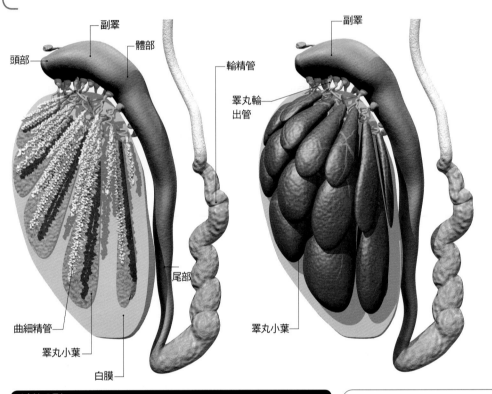

副睪／體部／頭部／輸精管／睪丸輸出管／尾部／曲細精管／睪丸小葉／白膜／睪丸小葉

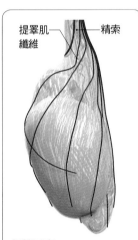

提睪肌纖維／精索

鋼管吊床

兩枚睪丸安置在一個褶皺皮囊（陰囊）裡面。每一枚睪丸都由纖細的提睪肌纖維包繞，為睪丸和精索做出一組鋼管吊床。

減數分裂

精子和卵子都含隨機擇半的基因，其他所有體細胞則都含全套。這種結果得自一種特化分裂作用，稱為減數分裂。減數分裂第一階段，染色體從各對基因隨機揀選並互換遺傳物質，為後代引入多樣變異。減數分裂進行到第二階段，重排完成的染色體分開，於是分裂出來的新細胞各含 23 個染色體，而非 23 對。

當精原細胞（男性原胚生殖細胞）進行減數分裂時，會生成四顆精子，不過當卵原細胞（女性原胚生殖細胞）進行減數分裂時，最後兩次分裂卻不對等。一個子細胞得到半數遺傳物質，卻也取得大半細胞質。較小的子嗣細胞（稱為「極體」）殘缺不全並消失不見。於是每顆卵原細胞都只生成一顆卵子。這能節約養分，更由於最後兩次分裂是在排卵前、後片刻方才完成，因此還能防範多胎妊娠。

由於減數分裂期間含基因互換步驟，每顆精子或卵子都含一組特有基因——從母細胞的 20,000–25,000 個基因隨機擇半組成。有些人可能擁有和旁人相仿的基因選組——這就能解釋未來兄弟姊妹的家族相似性——不過絕對沒有哪兩個人是一模一樣的。

精子

精子的長度為 0.05 公釐。頭部有一個囊，稱為「頂體」，囊中含幾種酶，用來在受精時溶解卵子的「外殼」，細胞核含有男性的隨機半套遺傳物質（DNA）。精子的中段（中節）含粒線體，並包繞尾部構成螺旋外鞘，這能產生能量，讓精子自發獨立移動。尾部含 20 條長纖維——中央一對周圍環繞兩個環圈，各圈分含九條纖絲，外罩護鞘。尾部逐漸收窄變細，幫助精子做出類似揮鞭的游泳動作。

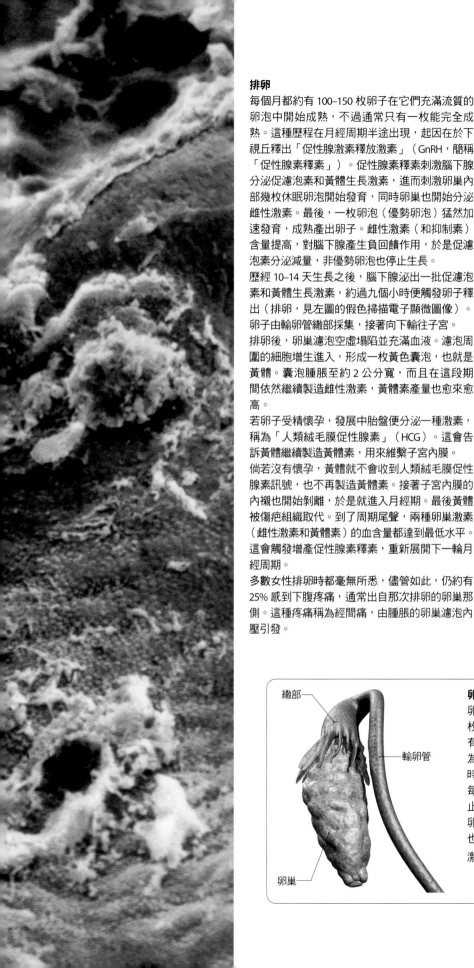

排卵

每個月都約有 100–150 枚卵子在它們充滿流質的卵泡中開始成熟，不過通常只有一枚能完全成熟。這種歷程在月經周期半途出現，起因在於下視丘釋出「促性腺激素釋放激素」（GnRH，簡稱「促性腺素釋素」）。促性腺素釋素刺激腦下腺分泌促濾泡素和黃體生長激素，進而刺激卵巢內部幾枚休眠卵泡開始發育，同時卵巢也開始分泌雌性激素。最後，一枚卵泡（優勢卵泡）猛然加速發育，成熟產出卵子。雌性激素（和抑制素）含量提高，對腦下腺產生負回饋作用，於是促濾泡素分泌減量，非優勢卵泡也停止生長。

歷經 10–14 天生長之後，腦下腺泌出一批促濾泡素和黃體生長激素，約過九個小時便觸發卵子釋出（排卵，見左圖的假色掃描電子顯微圖像）。卵子由輸卵管繖部採集，接著向下輸往子宮。

排卵後，卵巢濾泡空虛塌陷並充滿血液。濾泡周圍的細胞增生進入，形成一枚黃色囊泡，也就是黃體。囊泡腫脹至約 2 公分寬，而且在這段期間依然繼續製造雌性激素，黃體素產量也愈來愈高。

若卵子受精懷孕，發展中胎盤便分泌一種激素，稱為「人類絨毛膜促性腺素」（HCG）。這會告訴黃體繼續製造黃體素，用來維繫子宮內膜。

倘若沒有懷孕，黃體就不會收到人類絨毛膜促性腺素訊號，也不再製造黃體素。接著子宮內膜的內襯也開始剝離，於是就進入月經期。最後黃體被傷疤組織取代。到了周期尾聲，兩種卵巢激素（雌性激素和黃體素）的血含量都達到最低水平。這會觸發增產促性腺素釋素，重新展開下一輪月經周期。

多數女性排卵時都毫無所悉，儘管如此，仍約有 25% 感到下腹疼痛，通常出自那次排卵的卵巢那側。這種疼痛稱為經間痛，由腫脹的卵巢濾泡內壓引發。

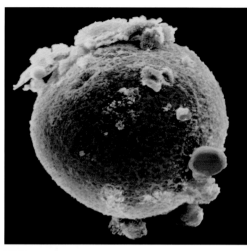

卵子

卵子是身體最大的細胞，恰能以肉眼見到。卵子的大型細胞核（稱為胚泡）內含一位女性的隨機半套遺傳物質（DNA）。卵子包覆在稱為「透明帶」的一層透明厚「殼」當中。

身體小百科

月經周期

· 有些女性在經期中段會覺得疼痛，約出現在排卵時，由腫脹的卵巢濾泡內壓引發。

· 通常每月只有一枚卵子釋出。

· 不同於一般想法，卵子並不是從兩邊卵巢輪流釋出。卵子分從兩邊卵巢釋出，沒有固定規則，模式也無從預測。

· 只有 12% 女性固定經歷 28 天月經周期。

· 一次經期通常延續 1 到 8 天，最常見的是 3 到 5 天。

· 月經期間平均失血 30-35 毫升。

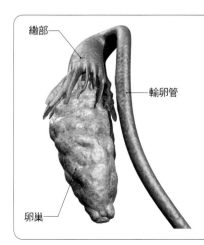

繖部
輸卵管
卵巢

卵巢

卵巢分別位於子宮兩側，各含 50-100 萬枚未成熟卵子，這是一般女性出生時具有的卵子數量。未成熟卵子分別位於稱為卵巢濾泡的結構裡面。青春期開始之時，卵子也在卵巢中成熟。一般而言，每月都有一枚卵子釋出，直到更年期為止，停經通常發生在 45 到 55 歲之間（排卵和月經平均終止年紀是 51 歲）。卵巢也因應腦下腺釋出的幾種激素來生產性激素（見 P.120-21）。

受孕

卵子釋出之後馬上循輸卵管行進，準備受精。卵子在這段歷程扮演主動角色，釋出化學物質來吸引精子。約三億個射出的精子，只需一顆觸及卵子，鑽破卵殼（透明帶）即可。精子一鑽入卵子便褪除尾部。精子的頭部和卵子的細胞核結合，形成一顆受精卵。

受精

發生在輸卵管的上三分之一段。精子和卵子周圍的透明帶膜結合，釋出酶（頂體反應）來溶出一條進路。附著於透明帶的精子可能有好幾個，卻只有一個突破進入卵子。這會觸發一種電化學反應，讓透明帶硬化，制止其他精子進入卵中。成功進入卵中的精子尾部褪除，頭部則擴大。接著這個精子的頭部和卵子的細胞核結合，形成一顆細胞，稱為受精卵，內含 46 個攜帶遺傳資訊的染色體（從父母各得 23 個）。受精卵歷經幾個發展階段，約過七天才進入子宮，沿途仍不斷分裂，抵達之後就在子宮壁（子宮內膜）著床。受精卵一路借助襯覆輸卵管內壁的纖毛推動前行。

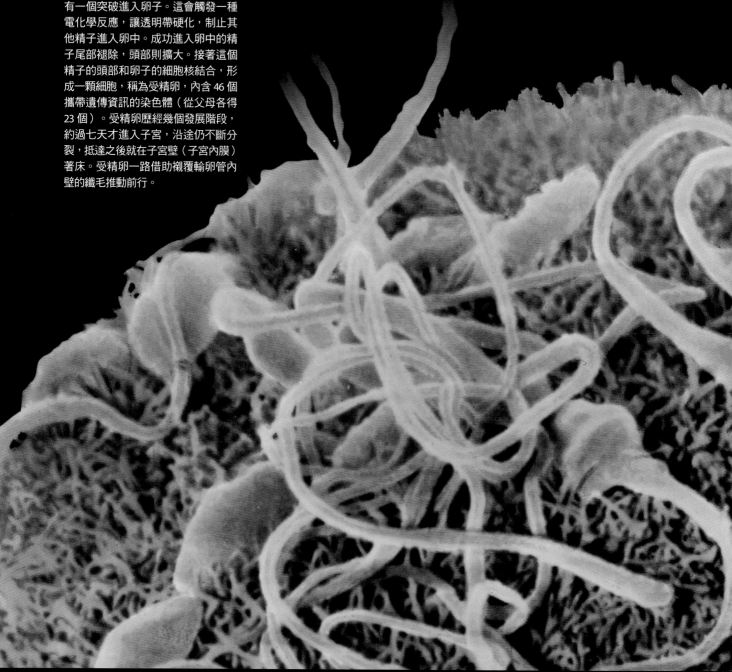

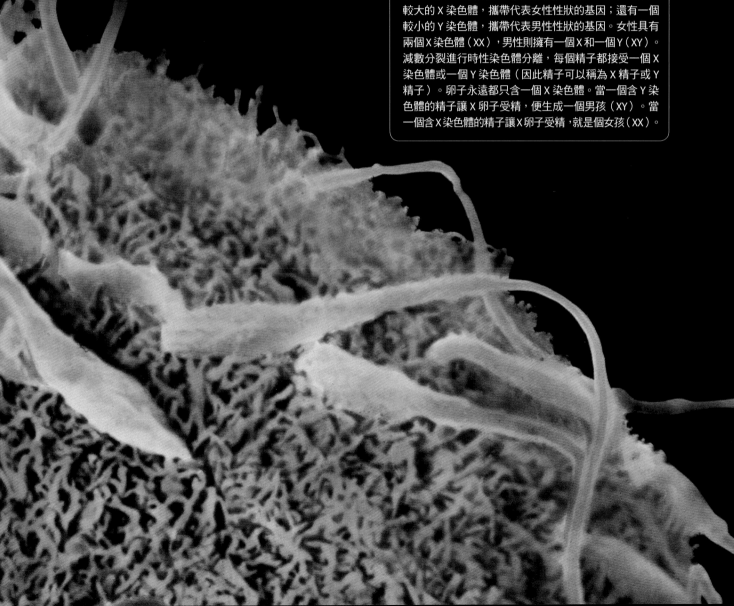

受精卵

圖為一顆受精卵。精子和卵子的細胞核結合，產生含 46 個染色體的完整配對。這顆受精卵很快就要開始第一次細胞分裂。接著它還會繼續細分，直到形成一個針頭大小的實心球體，到那時候就含 16–32 個細胞。這時的受精卵稱為「桑葚胚」。接著它會變換成一個充滿流質的球體，稱為囊胚（見 P. 159）。

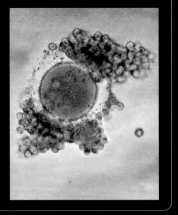

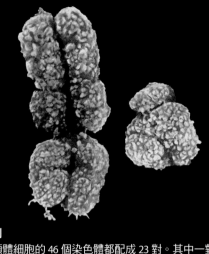

性別

每顆體細胞的 46 個染色體都配成 23 對。其中一對稱為性染色體，負責決定一個人的性別。性染色體含兩類：較大的 X 染色體，攜帶代表女性性狀的基因；還有一個較小的 Y 染色體，攜帶代表男性性狀的基因。女性具有兩個 X 染色體（XX），男性則擁有一個 X 和一個 Y（XY）。減數分裂進行時性染色體分離，每個精子都接受一個 X 染色體或一個 Y 染色體（因此精子可以稱為 X 精子或 Y 精子）。卵子永遠都只含一個 X 染色體。當一個含 Y 染色體的精子讓 X 卵子受精，便生成一個男孩（XY）。當一個含 X 染色體的精子讓 X 卵子受精，就是個女孩（XX）。

胚胎的形成

受孕的奇妙過程從一個精細胞（精子）和一個卵細胞（卵子）
結合開始，並要等到著床完成，胎盤也開始發育才算結束。

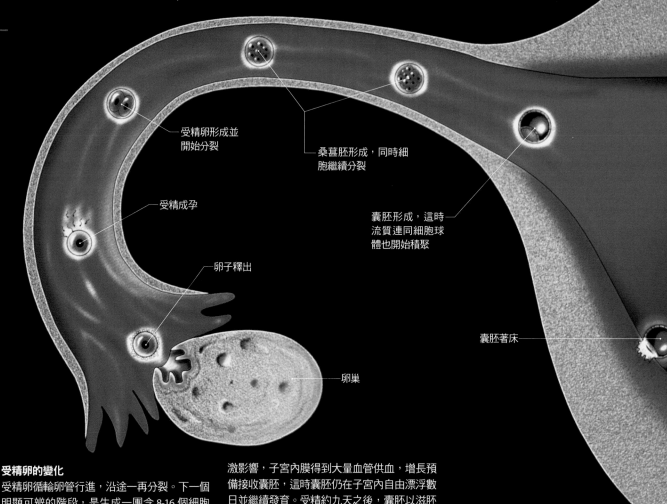

受精卵形成並
開始分裂

桑葚胚形成，同時細
胞繼續分裂

受精成孕

囊胚形成，這時
流質連同細胞球
體也開始積聚

卵子釋出

囊胚著床

卵巢

受精卵的變化

受精卵循輸卵管行進，沿途一再分裂。下一個明顯可辨的階段，是生成一團含 8-16 個細胞的時期，這種球體體稱為桑葚胚。桑葚胚繼續每隔 15 個小時分裂一次；等到它抵達子宮時，已經過了約 90 個小時，那時大概含 64 個細胞。這其中只有幾個細胞發展成為胚胎；其餘的會形成胎盤和包覆胎兒的膜。

流質逐漸在桑葚胚內累積，生成一種充滿流質的細胞球，稱為囊胚。囊胚表面由單層大型扁平細胞組成，稱為滋胚層。

囊胚約在受精五天之後從透明帶「孵化」。透明帶能協助防範過早在輸卵管著床。

著床

孵化的囊胚在受精六到七天之後抵達子宮內部，準備好在子宮的內襯（子宮內膜）著床。這時囊胚大小還不到 0.2 公釐。由於黃體素刺激影響，子宮內膜得到大量血管供血，增長預備接收囊胚，這時囊胚仍在子宮內自由漂浮數日並繼續發育。受精約九天之後，囊胚以滋胚層細胞的海綿狀突起鑽入子宮內膜，開始自行附著於子宮壁。這時囊胚已經含幾百顆細胞。

一旦囊胚孵化並自行嵌進子宮內膜，外層細胞（滋胚層細胞）便發展成「絨毛膜絨毛」（又稱滋胚層絨毛），這將來會生成胎盤和羊膜囊；而囊胚內部的細胞（胚細胞）則發展成胚胎。囊胚約花 13 天才能穩固著床。滋胚層細胞釋出幾種酶，滲入子宮的內襯，促使組織分解。這能提供血球混合滋養來餵哺囊胚。

子宮內膜的著床位置充血增厚並形成「蛻膜」，胎盤就從這裡生長成形。發展中的胎盤會生產人類絨毛膜促性腺素，讓黃體延續下去（見 P.155）並繼續分泌雌性激素和黃體素。不過在懷孕幾個月之後，胎盤就會慢慢取代這個角色，而黃體也會逐漸消失。

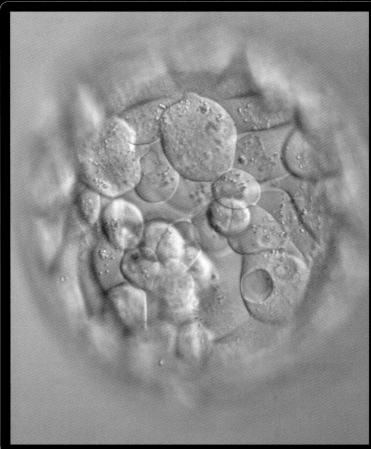

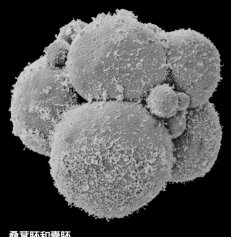

桑葚胚和囊胚

上方是一個桑葚胚的彩色掃描電子顯微圖像。桑葚胚是受精三天之後的八細胞階段人類胚胎。這種大型圓細胞的集群稱為分裂球。較小的球形結構會退化。各細胞表面長滿細小的毛髮狀微絨毛。約一天之後，這群細胞球就會開始累積流質並轉變成囊胚（左）。

遺傳

基因世代相傳，嬰兒的半數基因得自母親，另外一半得自父親。因此一個嬰兒從祖父母和外祖父母分別得到四分之一基因，再依此類推上溯世世代代。

有些基因作用較強，號稱顯性。另有些基因則作用較弱，很容易被顯性基因遮蔽，稱為隱性基因。

特質通常都是幾個不同基因協同作用所得結果，比如眼睛的顏色。不過就一般而言，藍眼睛的人都是遺傳了隱性基因，因此他們的虹膜製造的色素極少。而褐色眼睛的人，則至少遺傳到一個顯性基因，能促使他們的虹膜製造黑色素。

不是所有基因都劃分顯性、隱性，有時候某特質的遺傳基因各具相等分量。舉例來說，若是你從父母其中一方遺傳到 A 型血基因，又從另一方得到 B 型血基因，那麼你就有 AB 型血。假使其中一個基因是顯性，另一個是隱性，那麼你就應該有 A 型或 B 型血。

一個人的最後身高取決於許多基因的互動結果，比如控制生長激素生產和骨骼發育的基因群。身高也視環境因子而定，比如在不同發育階段的營養，還有疾病的作用，包括在子宮內階段和童年期。這幅人類細胞核的光學顯微圖像顯示細胞的遺傳物質。

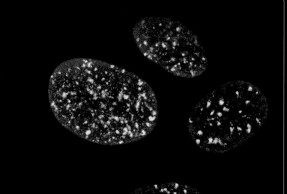

懷孕

懷孕期是從最後一次月經周期的第一天開始計算,但實際受孕則約發生在兩周過後的排卵時。因此一個嬰兒的妊娠(發育)年齡,要比計算出的懷孕期短了兩周。舉例來說,當女性懷孕六周,她腹中寶寶的妊娠年齡就是四周。人類從受孕到分娩的平均妊娠期是 266 天(38 周),這就相當於 280 天(40 周)懷孕期。

孕期三分法

懷孕 40 周期間劃分成三個階段,稱為孕期。妊娠第一期為第 1-12 周,妊娠第二期為第 13-27 周,任娠第三期為第 28-40 周。

懷孕跡象

懷孕的初期徵兆和跡象包括:

- 月經沒來或經血少得反常。
- 反胃,有時嘔吐。
- 乳房刺痛變軟。
- 乳頭周圍乳暈增大,顏色變深。
- 較常需要上廁所。
- 愈來愈覺得疲倦。
- 口中有金屬味道。
- 陰道分泌物增多。

發熱器

懷孕時循環周身的血量增多,到了第 30 周,女性血流中的循環血量已經多了50%。大幅增多的血量讓身體能提供充分血流,供應發育中的寶寶,也用來增大子宮並生長胎盤。這幅假色熱分析圖的顏色反映出孕婦身體不同部位的血液供應量。色調愈淡的部位就愈溫暖(血量愈多)。

身體小百科

懷孕真相

- 懷孕階段是激素活動時期:現存激素產量大幅提增,新的激素紛紛生成。驗孕是檢測尿中(或血中)所含人類絨毛膜促性腺素的濃度。
- 懷孕初期幾周必須充分攝取葉酸,這時細胞迅速分裂,開始形成胚胎的脊髓和腦部。
- 懷孕時增加的體重只有 39% 來自嬰兒重量。絕大多數都歸因於血量、羊水和胎盤的生成,還有乳房、子宮的增長。

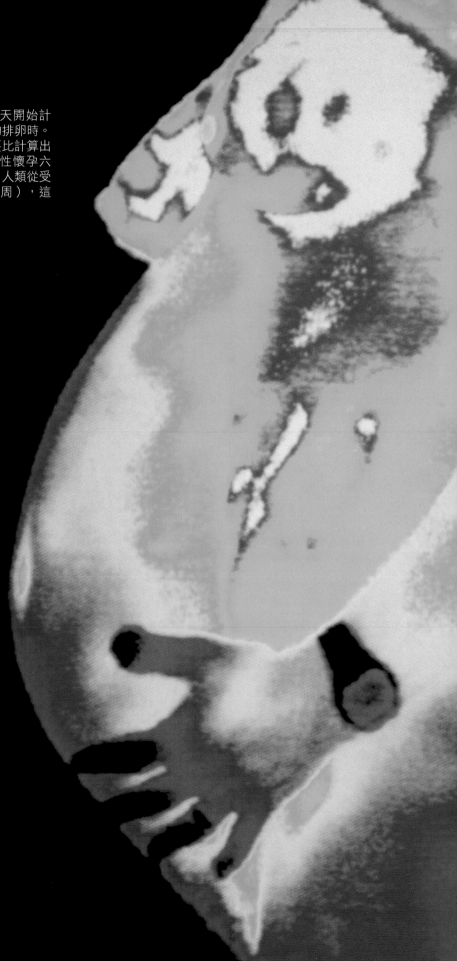

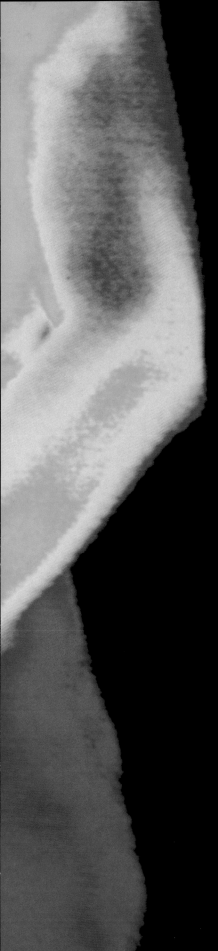

懷孕的子宮

子宮在整個懷孕期間都是胎兒棲身之處。子宮是個中空肌肉器官，能因應一個或多個寶寶的發育進程同步擴大。子宮黏膜（即子宮內襯）以表面具大量微絨毛的簡單柱狀細胞構成。在懷孕期間，這群細胞會因應卵巢生成的激素而增厚加大，並提升分泌活動。底下結締組織的血液循環也會提增，以提供更多養分來滋養胎兒。分娩之後，子宮收縮到略比原本尺寸稍大。

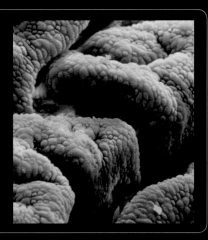

多胎妊娠

若受精卵分裂為兩枚（或多枚），就會形成兩個（或多個）獨立的同卵胚胎，導致雙胞胎、三胞胎或四胞胎妊娠。另一種情況是兩枚（或多枚）卵子分別與不同精子結合受精，產生出兩個或多個異卵手足。多胎妊娠有時還出現混合形式，包括從一枚卵產生的同卵雙胞胎，加上從另一枚卵生成的單胞胎手足。同卵雙胞胎或有可能共用同一組胎盤和羊膜囊，實際情況得看受精卵分裂時機而定；異卵雙胞胎則擁有專屬胎盤。子宮容得下多胎嬰兒（最高紀錄是八胞胎），不過懷孕期通常會比單胞胎情況短，也因此多胎妊娠最後多半生下早產兒。這是一組三胞胎的掃描圖像，含（共用一胎盤的）單一雙絨毛膜雙胞胎，和在專屬絨毛囊中的單胞胎。

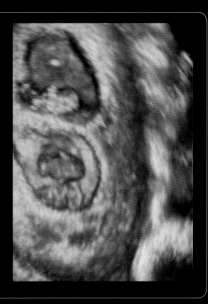

懷孕期的乳腺

女性乳房主要以 15–20 個分泌乳汁的乳腺小葉組成（圖中粉紅色部分），小葉嵌入脂肪組織（黃色）。這些腺體有導管，出口位於乳頭。乳房不含肌肉，不過脂肪和乳腺小葉之間有一條條細緻韌帶交織。韌帶附著於皮膚並決定乳房的形狀。懷孕期間，卵巢和胎盤都分泌雌性激素和黃體素，刺激乳房的泌乳腺體發育、增大，並活化作用以備往後哺乳。分娩之後，這類腺體首先產出富含抗體的「奶水」，稱為初乳，隨後才分泌母乳。

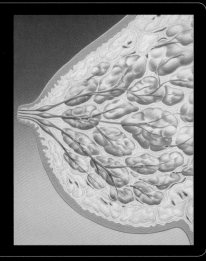

妊娠第一期

妊娠第一期從第 1 周延續到第 12 周。在發育最初 8 周，讓嬰兒初具人形的所有器官和結構的基本輪廓都已確立。一旦這類結構就定位，胚胎就稱為胎兒，同時其纖小的身體系統也都繼續生長。到了第 12 周尾聲，嬰兒的主要器官和身體系統都已成形。

懷孕 4 周（妊娠 2 周）

成團細胞（胚細胞）分成外、內、中三個胚層。外胚層發育成腦、神經系統、感官和外皮系統。內胚層會發育成腸道、呼吸系統、肝系統、膀胱，以及甲狀腺等內分泌器官。中胚層則會發育成骨骼系統、肌肉系統、結締組織、循環系統、腎臟、脾臟和生殖系統。

懷孕 6 周（妊娠 4 周）

胚胎只有 2–4 公釐長，背部彎曲，頭部已能辨識。小心臟會自行搏動，纖細的血管開始有血液循環。身體長出雛形臂芽。連接腦部和脊髓的神經管封閉，腎臟和肝臟等主要器官繼續發育。

懷孕 8 周（妊娠 6 周）

從頭頂到臀部約 20 公釐長，嬰兒的頭部比身體其餘部分還大。臉部特徵繼續發育。眼、牙、舌和鼻孔都出現了，顎部癒合形成口部。雙臂和雙腿增長，手腳雛形出現。心、腦、肺、肝等多數內臟的基本形式也都出現。

懷孕 10 周（妊娠 8 周）

胚胎長 23–26 公釐。必要器官全都成形，包括生殖器官，其中多數開始顯現運作跡象，但肺部除外。初期胚胎階段出現的尾部慢慢重新吸收。眼瞼幾乎完全覆蓋眼睛，眼睛開始積聚色素。鼻子已出現，口、唇和下巴仍繼續形成。神經系統這時已經充分發展，足以讓胚胎進行細微扭動。味蕾漸漸形成，所有乳齒的牙蕾這時也都已經到位。
胚胎發育階段到此結束，嬰兒發育到這個階段，已經看得出是個細小的人，也改稱為胎兒。細小的頭部、腦和器官系統，從這時起便迅速生長。

懷孕 12 周（妊娠 10 周）

嬰兒從頭到腳趾完全成形，不過腦部等器官仍繼續發育。腦下腺開始生產激素。手指和腳趾已經分開，毛髮和指甲也逐漸生長。骨頭繼續變硬。生殖器漸漸呈現性別特徵。
這個階段的胎兒能做許多事情：運動手臂、手指和腳趾、微笑、皺眉，還會吸吮拇指。

胎盤和臍帶

胎盤是從受精卵發育成形的器官，附著於子宮。胎盤把嬰兒和母親的血流供給連接起來，同時卻也讓彼此分隔。胎盤生產若干必要的激素來維繫妊娠，執行嬰兒沒辦法自理的功能，如供應養分和氧氣、提供抗體來抵禦感染，還能帶走廢棄產物。臍帶把嬰兒和胎盤連在一起，它也是通行氧氣和養分（取道一條靜脈）、輸運廢棄產物（取道兩條動脈）的管道。

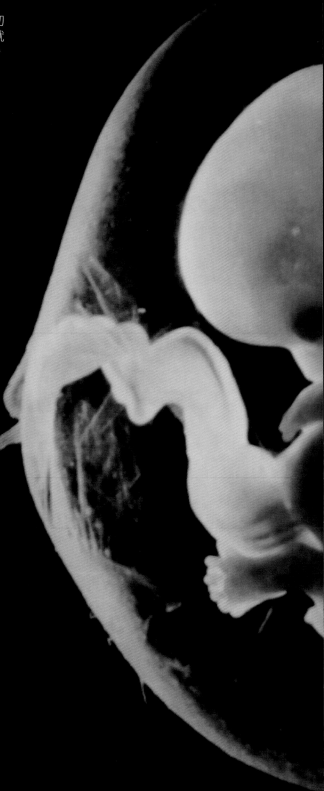

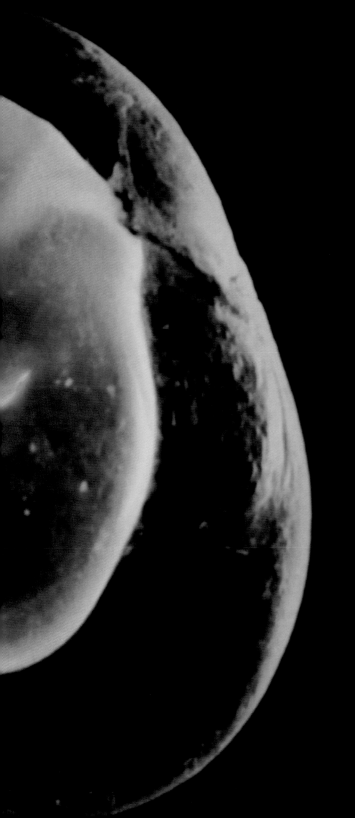

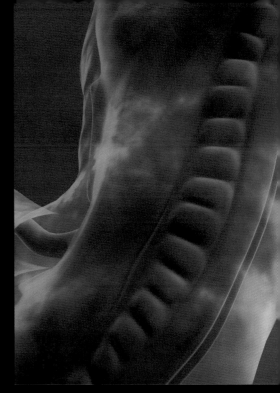

脊髓的發育

妊娠最初幾周，一處長條增厚部位成形，長在往後會發育出脊骨和脊髓的區域。這處部位稱為神經板，狀呈梨形，最寬闊段落位於頭端。

神經板中央發育出一處長條凹縮區，稱為神經溝。神經溝兩壁向上生長，形成 U 形凹縮。這條神經溝繼續加深，兩壁褶起，最後在凹溝上方相觸。

神經溝從中段開始向外癒合。頭端先封閉，尾端約兩天後也封閉。這就形成一條中空神經管，往後就會發育成脊髓。神經管頭端膨大形成三個中空隆起，往後這就會發育成前腦、中腦和後腦。下神經管周圍長出一群群細胞，最後就在背側相遇、癒合，把發育中的脊髓包繞起來，構成連串環圈。往後這就會變成具防護作用的骨質脊椎骨。上圖所示為妊娠 4 周的脊柱。

妊娠第二期

妊娠第二期從第 12 周延續至第 27 周。這是胎兒最活躍的時期，因為他有很大的空間可供彎身、伸展、扭轉、踢腳，還可以用雙手做出複雜運動。對母親來說，這大體上也是最愉快的一段孕期，因為早期徵兆絕大多數都會消失，嬰兒也還沒有長到那麼大，懷著他並不會不舒服。

懷孕 14 周（妊娠 12 周）

胎兒身長約 61 公釐，重僅 14 公克。他完全成形了，不過體型還須增長才能獨立生活。雙眼成形了，不過眼瞼依然癒合。

胎兒喝下愈來愈多羊水，由未成熟腸道吸收，納入胎兒的循環，並流經腎臟處理，化為尿液回到羊水中。

母親的子宮愈來愈大，宮底（頂部）開始舉高到骨盆之上，做腹部檢查來評估胎兒生長時就可以感覺得到。這時下腹有可能長出一條深色的皮膚色素線，從恥骨中間延伸到肚臍，叫做妊娠黑線。有些女性還在臉上長了褐色斑紋，叫黃褐斑。據信這些都是激素改變的結果，分娩之後通常都會消失或變淡。

懷孕 16 周（妊娠 14 周）

胎兒從頭頂到臀部約 108–111 公釐，重約 80 公克。他的雙臂和雙腿都完備了，關節也都能運作，他的神經系統和肌肉全都可以使用，於是能夠做出協調運動。先前形成的骨頭愈來愈硬，漸漸留住鈣質。他非常活躍，能轉身、翻筋斗，還能踢腳。

胎兒的細胞蛻落，化學物質泌入羊水，因此若在這時進行試驗，比如羊膜穿刺術或絨毛膜取樣術，就可以點滴蒐集他的健康相關資訊。

懷孕 18 周（妊娠 16 周）

胎兒從頭頂到臀部長 120–140 公釐，重約 150 公克。胎盤和胎兒大小相等。他的體表長滿纖細的胎毛，神經也開始取得脂肪質髓鞘。面部特徵已經順利成形，雙眼開始睜開，而且胎兒能夠做出幾種面部表情。從超音波掃描看來，胎兒似乎經常吸吮大拇指。透過薄紙般皮膚已經見得到血管，而且構成胎兒骨骼雛形的軟骨，也開始在往後要形成骨頭的部位逐漸硬化。外生殖器已經見得到了，胎兒性別更為明顯。

母親或許開始能察覺胎兒屈曲脊椎和四肢還有握拳等動作。

懷孕 20 周（妊娠 18 周）

胎兒體長約 14–16 公分，體重大概 255 公克。他已經度過妊娠期中間點。這段時期對他的感官發展極端重要。職司味覺、嗅覺、聽覺、視覺和觸覺的神經細胞，分在他的腦中特定部位發育。促成記憶和思考功能發展不可或缺的複雜連結開始成形。若胎兒是個女孩，她的卵巢裡面已經約略擁有 200 萬顆卵子。

懷孕 22 周（妊娠 20 周）

胎兒從頭頂到臀部長約 16 公分，重約 260 公克。這時母親的宮底已經與肚臍齊平。胎兒漸漸長出眉毛和頭髮。腦部生長迅速，胎兒接觸照明、碰觸和聲音會做出反應，而且不時會眨眼睛。睡醒週期明確區分——在此之前，胎兒很少一次連續五分鐘靜止不動。男性胎兒的睪丸從骨盆腔降入陰囊。胎兒的紅血球製造功能開始由骨髓接管，不再由肝臟和脾臟負責。這時心跳每分鐘約 140–150 次。

懷孕 24 周（妊娠 22 周）

胎兒從頭頂到臀部長約 19 公分，重約 350 公克。胎兒的皮膚不再那麼透明，也已經具有汗腺。指甲完全成形並持續生長。這時腦部快速增長，特別是腦部中央負責製造腦細胞的原生質體。若胎兒是個男孩，他的睪丸已經開始從骨盆降入陰囊。原始精子已經在睪丸形成。

懷孕 26 周（妊娠 24 周）

胎兒從頭頂到臀部長約 21 公分，重約 540 公克。頭圍約 27.5 公分。控制意識思維的細胞開始發育，胎兒對聲音和運動也變得愈來愈敏感。他聽到響亮聲音會跳動，而且他會咳嗽、打嗝。他花很多時間睡覺，還養成一種寂靜睡眠和活躍睡眠輪替模式，不論日夜每隔 20–40 分鐘出現一次。胎兒長得愈來愈胖，皮膚皺紋逐漸消失。肌肉增長，不過體脂肪含量極低。皮膚外表形成一層白色油脂，稱為胎兒皮脂（簡稱胎脂），用來抵禦羊水所含尿素等化學物質。

身體小百科

懷孕中期

· 胎兒妊娠周數約略等於子宮高出恥骨之公分數。舉例來說，宮底高度 24 公分大概相當於妊娠 24 周（懷孕 26 周）
· 胎兒腦部細胞的生成速率約為每分鐘 100,000 顆。
· 母親懷孕 20 周時體重平均增加 4–6 公斤，但因人而異。
· 妊娠 24 周早產兒送入嬰兒加護病房仍有少許存活機會。
· 到了懷孕中期尾聲，羊膜囊中胎兒仍有空間翻筋斗。

妊娠第三期

妊娠第三期從第 28 周延續至第 40 周。胎兒在這段期間大幅生長，體重增加到三倍多，從約 910 公克長到 3.4 公斤。嬰兒體重增加，對母親內臟、皮膚的壓力也更大了，有可能導致孕婦頻尿、消化不良、胃灼熱和妊娠紋。

懷孕 28 周（妊娠 26 周）

胎兒從頭頂到臀部長 25 公分，重約 1.1 公斤。宮底（子宮頂部）達母親肚臍以上 6 公分（相當於恥骨以上 26 公分）。指甲這時長到指尖了，胎兒長出愈來愈多脂肪，為獨立生活預做準備。發育中腦部的表面積大幅增長，還形成淺溝。到了最後幾周，胎兒的身體已經增長大於頭部，因此這時發育中嬰兒的比例看來比較勻稱，不過宮內空間開始顯得侷促。

這時胎兒的行為表現出四種活動模式：寂靜睡眠（慢波）、活躍睡眠（快速眼動）、寂靜醒覺和活躍醒覺。從 3D 超音波掃描圖像看來，胎兒會表現出種種面部表情，包括微笑、哭泣和打呵欠。

懷孕 30 周（妊娠 28 周）

胎兒從頭頂到臀部長 27 公分，重 1.35 公斤。胎毛漸漸消失；誕生時也許仍留有幾撮絨毛，不過往後幾周就會脫落。頭髮比較濃密，眼瞼也能開闔了。紅血球不再由肝臟製造，改在骨髓生產。骨骼愈來愈堅硬，腦部、肌肉和肺部繼續成熟。

懷孕 32 周（妊娠 30 周）

胎兒從頭頂到臀部長 29 公分，重 1.8 公斤。頭圍約 32 公分，宮底約達恥骨以上 30 公分。這時胎兒的行為表現出四種活動模式：寂靜睡眠（慢波）、活躍睡眠（快速眼動）、寂靜醒覺和活躍醒覺。胎盤在懷孕晚期開始製造鬆弛素，這種激素能軟化子宮頸和骨盆韌帶，為分娩預做準備。

這時胎兒若有早產情況，送入嬰兒特別照護病房已經有極高存活機會。

懷孕 34 周（妊娠 32 周）

胎兒從頭頂到臀部長 31 公分，全長約 44 公分，體重幾達 2.275 公斤。免疫系統日漸發育，能抵禦輕微感染。他已經太大，不能在羊水中浮動，運動變慢、動作則較大。

懷孕 36 - 40 周（妊娠 34 - 38 周）

到了第 36 周，胎兒從頭頂到臀部長度超過 33 公分，重約 2.75 公斤，宮底約達母親恥骨上方 34 公分。這時胎兒頭部或許已經「固定」（見對頁）。再過一周胎兒就算足月了，隨時可能誕生。足月胎兒長 37–38 公分，重約 3.4 公斤。頂臀長度為 37–38 公分，身體總長約 48–52 公分。胎兒的脂肪儲備重量可達體重的 15%。這時宮底位於恥骨以上 36–40 公分，實際得看嬰兒大小而定。嬰兒的頭髮多寡不等，少的可能只有幾縷，髮長 2–4 公分。這時多數嬰兒都採頭部朝下姿勢，隨時可以出生。

懷孕最後幾周，子宮的「練習」收縮愈來愈明顯，有時還會讓人誤以為是陣痛開始，這種收縮稱為「假性宮縮」。

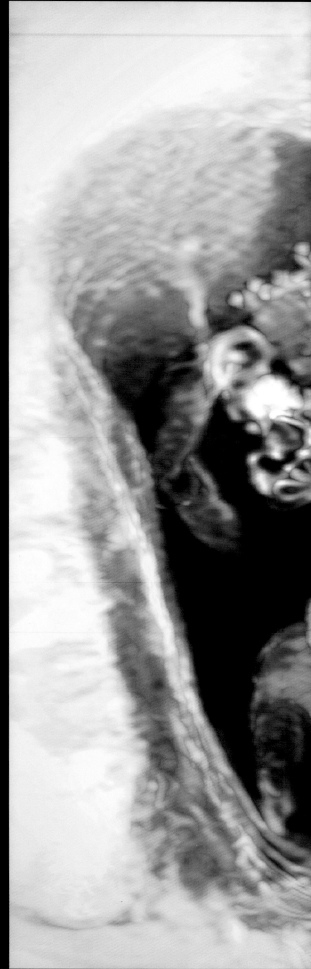

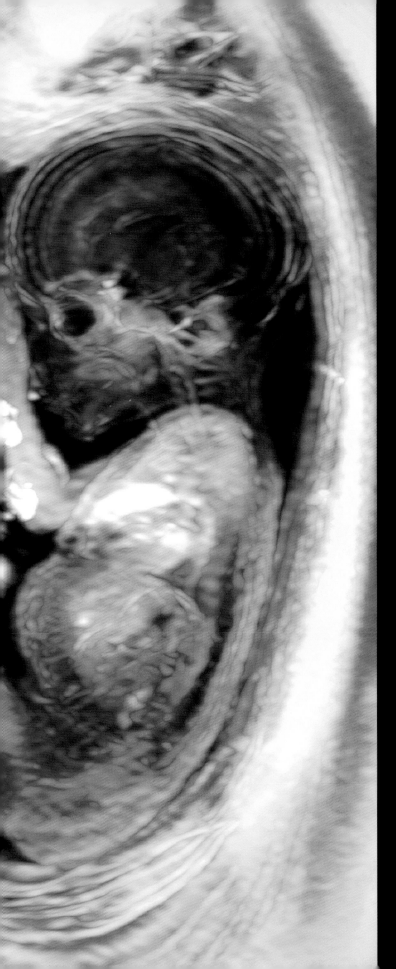

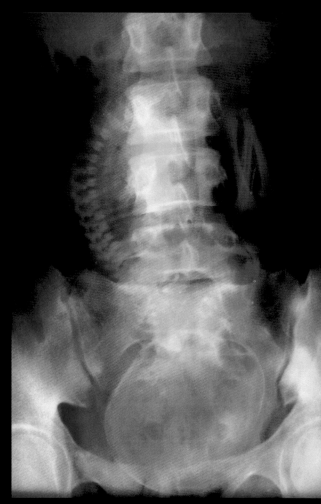

胎頭固定

懷孕晚期階段，子宮下部軟化、擴開，嬰兒的頭部也隨之降入母親的骨盆。這種情況稱為胎頭固定。頭胎嬰兒的固定現象通常在生產前 2 到 4 周出現，後續懷胎則通常在生產開始之前出現。這是個漸進歷程，由於嬰兒壓迫腸臟和膀胱，這些器官有可能出現症狀。不過若是嬰兒屁股朝下（臀位），或者橫躺腹中（橫位），恐怕就沒辦法採陰道分娩。

身體小百科

最後階段

· 到了懷孕晚期，由於胎兒自由移動的空間愈來愈小，母親察覺的胎動類型和運動量都會改變。胎兒開始扭動、滑動和踢腳，不再翻筋斗。

· 懷孕期間母親增加的體重介於 7.5 到 10 公斤之間。

· 儘管單胞胎懷孕 40 周才視為足月，從 38-42 周生產都算正常。

· 雙胞胎懷孕，37 周可視為足月。

· 三胞胎懷孕，34 周就可視為足月。

分娩

分娩（也稱為臨盆）由胎盤和胎兒的下視丘生產的激素觸發。有些研究暗示，當胎兒生長超出胎盤供應能量，他就能察覺到氧氣和葡萄糖濃度下降。懷孕接近尾聲，一種稱為「神經胜肽 Y」的神經傳導物質含量也隨之提高，這和飢餓有連帶關係，同時胎兒的促腎上腺皮質素和皮質醇等壓力激素水平也都提高了。

分娩三階段

分娩含三個階段。在產程第一階段，這時子宮收縮的作用是讓子宮頸完全擴開到 10 公分；第二階段指嬰兒離開子宮，導入產道並分娩進入外界；第三階段指胎盤娩出。陰道分娩有時必須用上產鉗或真空吸引器（胎頭吸引器），並視情況施行會陰切開術。這種手術施局部麻醉並剪開會陰來幫助嬰兒頭部娩出。預先計畫的剖腹生產在產程開始前手術產下嬰兒。若是緊急應變做剖腹生產，就可能在產程之中，嬰兒也已進入產道之後才手術。

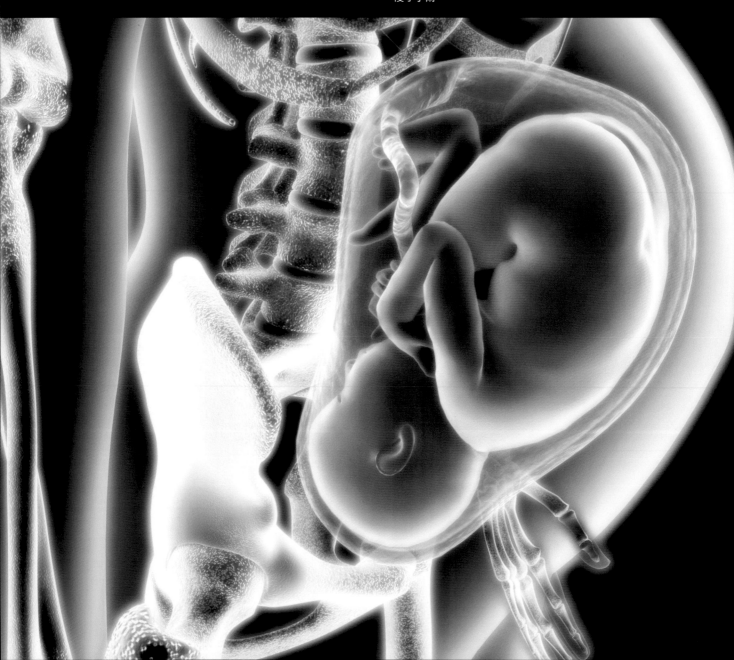

誕生過程

陣痛通常分三期，分別為早期或潛伏陣痛、活躍或確立陣痛，及過渡或劇烈陣痛。並非所有女性都覺得這種階段劃分明確可辨。羊膜囊在前兩段時期都可能破裂，羊水流出，通常失水多半不到 300 毫升。懷孕期間堵住子宮頸道的一團染血黏液，也可能在這時顯露。

產道是條彎管，直徑不等，頂段左右和出口處前後最寬。因此嬰兒頭部向下移動時會轉動。母親骨盆的骨頭會分離彈開（受了鬆弛素影響，先前恥骨韌帶也已經因此軟化）並擴開產道管徑。產道保持部分豎直或蜷縮，並不是橫向平置，這樣才能借助重力更有效生產。

陣痛

早期陣痛期收縮時間通常很短，間隔則很久，也沒有規律──通常間隔 30 到 45 分鐘，每次持續 10 到 15 秒。當陣痛進展到活躍陣痛期，收縮就變得比較頻繁，每隔 1 到 3 分鐘一次，持續約 60 秒，這時很快就要臨盆了。過渡陣痛期就是從活躍陣痛結束到開始下推之前這段期間。這時收縮力量可能變強，推送胎兒頭部向下抵住子宮頸，逐漸迫開到闊 10 公分。頭胎陣痛每小時約擴開一公分算是常態。

分娩

一旦過渡期結束，這時就該推送分娩嬰兒。這個階段通常約花一個小時，不過有可能從 10 分鐘到 3 小時不等。這時收縮持續很久，間隔很短，還有強大無比的推送衝動。生產讓會陰部變薄，這時嬰兒的頭部從陰道開口出現，稱為胎頭著冠。一旦胎頭娩出，嬰兒很快也跟著出世。嬰兒一誕生，接著就把臍帶剪斷。

嬰兒誕生過後約 5 到 90 分鐘，胎盤和羊膜囊接著娩出。這個過程可借助幾種作法來完成，包括注射一種合成催產素、產後立刻哺乳，或者按摩宮底。胎盤是個寬約 20 公分，厚 1.5 公分的圓盤。通常胎盤重約嬰兒體重的六分之一。

緩解疼痛

幾種作法都可以用來緩解產婦疼痛。自然鎮痛技術包括採行有益姿勢、鬆弛和呼吸技術、針灸、按摩和經皮電神經刺激（即低周波電刺激）。醫療疼痛控制法包括吸入一種一氧化二氮和氧氣混合氣（又稱笑氣），服用或注射類鴉片藥物（如哌替啶鹽酸鹽或鹽酸哌美普他酮），還可以施用硬膜外麻醉術，把局部麻醉劑注入脊髓周圍的硬膜上腔。有些女性混合使用幾種技術。

胎頭著冠

這是嬰兒頭部臨出生前的內視鏡圖像。嬰兒頭頂毛髮清晰可見。頭部降至陰道開口的情況稱為「胎頭著冠」。由於嬰兒的頭部推擠會陰，通常這時會一併出現燒灼疼痛，直腸也會受壓。

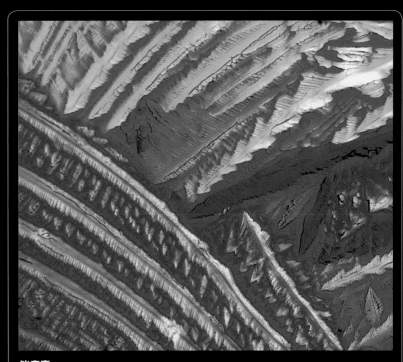

催產素

這種激素不僅在陣痛期間扮演多角色，也影響生產和哺乳。催產素由腦下腺分泌，也能在實驗室合成製造，當作藥物來使用。天然催產素負責在陣痛期間促使子宮收縮：刺激子宮肌肉收縮，並刺激腦下腺釋放好幾種能強化肌肉收縮的化學物質，稱為前列腺素。哺乳時催產素還能刺激乳汁流出，並促使產後子宮收縮。合成催產素通常採注射施用，產後注射大腿部位來幫忙子宮保持收縮狀態，也用來輔助分娩。

成熟和老化歷程

一個人在子宮裡面發育 9 個月，歷經 15–20 年長大成熟，還可能活過半百。在這段期間，身體系統不時出現改變。出世、生長、成熟、老化和死亡全都隸屬一個連續歷程的環節，由遺傳程序規畫，由環境和生理歷程負責掌控。

出生後最初兩年期間生長相當迅速。嬰兒從 4 至 5 個月期間體重倍增，到了 12 至 14 個月期間，體重已增長達三倍。嬰兒身長在第一年期間約增長 25 公分，到了兩足歲時，他們已經達到成人時的一半身高。青春期指童年和成人期之間的階段，這時第二性徵受性激素影響開始發育。就算沒有疾病纏身，隨著我們年歲增長，身體系統功能也會變動、衰退，最後終於步向死亡。也因此老年人的身體比較不能適應改變。

影響老化的因素	
發育	從受精到成熟階段，解剖結構和生理歷程逐漸變動的現象
成熟	完全生長完備的狀態
遺傳	遺傳決定性狀代代相傳的現象

老化對身體不同系統的作用

DNA 和身體組織
- 端粒是位於各染色體末端的一段 DNA。每當細胞分裂，DNA 複製時，端粒都會縮短。當端粒變得太短，細胞就不再能複製所含 DNA，於是細胞停止分裂。這是老化歷程的一項重要因素。
- 組織修補速度和效能下降，能量消耗衰減。這是激素改變、活動減少和環境影響帶來的後果。
- 上皮變薄，結締組織更易受損，瘀青和骨折更為常見，累積傷害有可能引致健康問題。

肌肉—骨骼系統
- 礦物質含量減少，骨質疏鬆和骨折風險都隨之提高。
- 脊椎骨和椎間盤縮小變短，身高也隨之縮減。
- 關節面累積耗損引致骨性關節炎。
- 骨骼肌纖維直徑縮減，骨骼肌也隨之縮小；力量和耐力都衰退了。
- 骨骼肌彈性較差，長出更多纖維狀組織，彈性和柔軟度都隨之變差。
- 衛星細胞數量較少，損壞修補能力也隨之衰退。

神經系統
- 腦部尺寸和重量縮減，主要肇因於大腦皮質體積縮小。
- 大腦許多神經元累積了異常的細胞內沉積。
- 血流減量。
- 這類結構改變和幾種現象連帶有關，包括神經處理效率降低、回憶困難、特殊感官敏感度減弱，以及運動精確性變差。
- 嗅覺神經元和味蕾總數隨年齡遞減，殘餘受體也比較不敏感，因此老年人有可能很難嗅、嚐出味道。

眼睛和視覺
- 水晶體隨年齡增長變得不透明，生成白內障，視力也隨之衰弱。
- 水晶體彈性變差導致老花型遠視。

耳朵和聽覺
- 鼓膜彈性變差，聽小骨間關節僵固，還有噪音和創傷所累積的損壞，讓毛細胞數量減少，聽覺能力變差。

外皮系統
- 表皮變薄，導致受傷和感染。
- 維生素 D 減產，導致肌肉衰弱，骨密度降低。
- 黑色素減產，皮膚變得蒼白，對光更為敏感。更容易曬傷（見下圖）。
- 毛囊運作停頓，毛髮稀疏變灰白。
- 真皮變薄，彈性纖維減少，導致下垂並起皺紋，尤以受太陽曝曬部位最明顯。
- 皮膚癒合較慢。

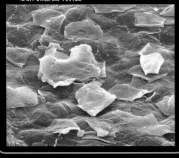

心血管系統
- 動脈壁彈性減弱，導致心收縮壓提高，更增突發破裂風險。
- 鈣質和脂質沉積致使動脈收窄（見底下動脈粥狀瘤段落），從而提增心臟病發以及中風的風險。
- 電傳導系統活動改變，有可能導致長期心律失調。

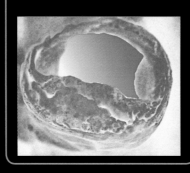

內分泌系統
- 生殖激素減產。就女性而言，尤以更年期階段最嚴重，這時雌性激素和黃體素水平下降，引起各種症狀。男性睪固酮水平下降現象較慢出現。性激素對身體有廣泛作用，包括腦部發育、肌肉質量、骨頭的質量和密度、身體外觀，及毛髮與脂肪的分布。
- 有些激素水平依然保持不變，但身體組織對激素指令變得較不敏感。

免疫系統

- T 細胞對抗原反應變得比較遲鈍，B 細胞活力較弱，於是身體也較難對抗感染。
- 對異常細胞的免疫偵監機能衰退，於是癌細胞（如下圖引致前列腺癌的類型）也得以不受控管恣意生長。

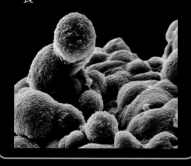

消化系統

- 隨著年齡增長，襯覆腸胃道的上皮幹細胞也不再那麼迅速分裂，於是腸胃道更可能受酸、耗蝕和酶所傷。
- 平滑肌作用減弱，能動性隨之變差，從而引致便秘（見底下受影響腸臟的電腦斷層掃描圖像）和胃灼熱。

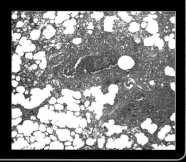

呼吸系統

- 彈性組織隨年齡退化，肺容量減小。
- 胸腔運動有可能減弱，更容易出現肺積液和胸腔感染，如肺炎等（見底下光學顯微圖像）。

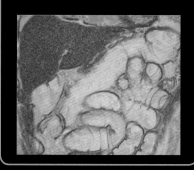

泌尿系統

- 健全腎元（腎臟過濾單元）數量減少，導致腎臟作用減緩（見下圖）。
- 括約肌失常，引致漏尿和尿失禁。
- 男性前列腺增大，壓擠尿道，導致尿流受限。

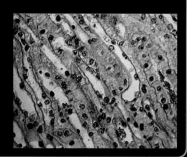

老化的理論

老化是我們身體的細胞和組織持續退化的進程。可以料想得到，有關我們為什麼老化的理論極多。**海弗利克限制理論**稱體細胞只能分裂若干次數。**端粒酶老化理論**主張，老化取決於端粒長度。端粒是一段 DNA，位於染色體末端，由重複的 TTAGGG 密碼組成（見 P.18），每次細胞分裂，端粒也隨之縮短。一旦端粒縮短至臨界長度，細胞就不再分裂。倘若你遺傳得到很長的端粒，你的細胞就能複製比較多次，你也可能活得較久。

另一方面，**自由基老化理論**則以細胞結構（包括 DNA）接觸自由基受損情事為本。這類有害分子斷片都源自常態新陳代謝產物，經接觸紫外線和污染物質（如香菸煙霧）生成。自由基損害 DNA，導致細胞內逐漸堆積有害物質，包括異常蛋白質（如類澱粉蛋白）和糖化蛋白質（如山梨糖醇），從而減弱細胞功能。蔬果所含膳食抗氧化劑能抵禦自由基，具有若干防護作用。再者，科學家正在尋找能在老化細胞內分解、移除受損蛋白質的微生物酶。

神經內分泌理論認為，老化和激素減退連帶有關（如去氫表雄固酮）。這有可能肇因於壓力激素和皮質醇的水平提高，以及下視丘年齡相關改變所致。

胞膜老化理論主張，細胞功能退化的起因是細胞膜漸失液態屬性，較呈固態所致。禍首或許是細胞成分循環回收期間生成的脂褐質（脂肪殘餘）。

最後，**粒線體衰退理論**主張，老化的粒線體（身體細胞負責滋生能量的胞器子單元）不再那麼能夠生產含豐富能量的 ATP 分子。這樣一來，某些細胞（尤其是心肌細胞）就會「疲乏」，功能也沒有那麼好了。細胞內會生成自由基，導致抗氧化劑保護功能不足，主要都根源於粒線體。

除了先天遺傳壽命相關基因之外，你的膳食和生活型態也至關重要。若能攝取健康飲食，避免過重，規律運動，禁菸，適度飲酒，這樣的人最可能活得健康又長久。

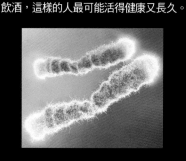

詞彙淺釋　Glossary

腎上腺　Adrenal gland
位於身體左右兩腎上方的內分泌腺。兩側腎上腺能分泌幾種激素，用來調節身體的壓力反應，並保持鹽、水均衡。

抗體　Antibody
一種免疫蛋白，見於血液和其他體液。抗體（也稱為免疫球蛋白）由免疫細胞製造，幫忙辨識、制壓細菌和病毒等異物。

附肢骨骼　Appendicular skeleton
帶動身體運動的骨骼部位。附肢骨骼含 126 塊骨頭，分別構成上、下肢，加上把四肢和中軸骨骼連起來的肩帶和骨盆帶（見以下詞條）。

動脈　Artery
把血液輸離心臟的血管。除了肺動脈（還有懷孕時的臍動脈）之外，所有動脈都攜帶充氧血。

心房　Atrium
心臟內部有兩種空腔，其中一種就是心房，位於心室上方。左心房收受從肺部取道左、右肺靜脈流來的充氧血。右心房收受從身體取道上、下腔靜脈和冠狀靜脈竇流來的去氧血。

中軸骨骼　Axial skeleton
骨骼的中央部位，組成頭部和軀幹部位。中軸骨骼計含 80 塊骨頭，分別組成顱骨、脊柱和胸廓。

膽汁　Bile
膽汁是肝細胞分泌的黃綠色流質，儲存在膽囊裡面，消化時注入十二指腸，幫助消化膳食脂肪。

囊胚　Blastocyst
一種中空的細胞球團，中央是充盈流質的空腔。卵子受精之後經分裂構成桑葚胚，準備在子宮著床時便形成囊胚。囊胚在受精過後約五天時形成。

腦幹　Brain stem
腦部的較底下部位。職司運動和感覺的神經纖維，多半穿越腦幹連往脊髓。

細支氣管　Bronchiole
肺中眾多細小氣道之一。細支氣管直徑不到一公釐，可容空氣在較大氣道（支氣管）和氣囊（肺泡）之間往來通行。

海綿骨　Cancellous bone
位於骨頭內部的一類組織，也稱為骨小樑或疏鬆骨。海綿骨含繁多小孔，幫忙讓骨頭保持輕巧又很堅固。

細胞　Cell
生物的基本結構和功能單元。人體估計含百兆顆細胞，每顆直徑一般不到 10 微米。

中樞神經系統　Central nervous system
負責協調運動和身體功能的神經系統環節，由腦和脊髓組成。

小腦　Cerebellum
腦的一個部位，幫忙協調感官知覺，並控制運動來保持平衡和姿勢。

大腦皮質　Cerebral cortex
腦部參與高等功能的部位，涉及覺識、思維、記憶、語言、意識、人格，還職司感覺詮釋、引發隨意運動。大腦皮質鋪在左右大腦半球表面，形成厚 2–4 公釐，具深刻皺襞的薄層「灰質」。

大腦　Cerebrum
由大腦皮質、基底神經節和嗅球組成的腦部，位於腦幹頂部前方。

大腦半球　Cerebral hemisphere
指腦部左、右兩個大腦半球之一。

化學受體　Chemoreceptor
一種感覺受體，能偵測附近有沒有特定化學物質。比方說，鼻子的嗅覺受體負責偵測特定揮發性化學物質，產生一道神經訊號發往腦部並經詮釋為一種氣味。

染色體　Chromosome
高度蜷繞的一段遺傳物質（DNA），內含眾多基因。人體每顆體細胞都含 46 個染色體。然而每顆卵子和精子，只各含 23 個染色體；受精時雙方結合，生成一顆含有 46 個染色體的受精卵。

纖毛　Cilia
某些細胞表面的毛髮狀突起部位，如呼吸道內襯纖毛就是一例。有些纖毛會做出波浪狀運動，協助推送流質、黏液或精子。有些纖毛靜止不動，發揮感覺受體的功能，好比內耳參與感測身體運動的纖毛。

循環　Circulation
指循環系統，也就是負責輸運血球、養分、氧氣、二氧化碳、激素和其他物質運行全身的體系。血液循環循血管運行，由心臟的搏動動作來維繫。

補體蛋白　Complement protein
由特定細胞製造，釋入循環的多種蛋白質，計超過 20 類。若被細菌或病毒等異物顆粒觸動，補體蛋白就和免疫系統協同合作，幫忙制壓威脅。

神經皮節　Dermatome
由單一脊神經連通的皮膚部位，這種神經負責把該部位的感覺回傳到腦子。兩側體表都可以劃分為幾個神經皮節部位，分以 8 條頸神經、12 條胸神經、5 條腰神經和 5 條薦神經連接。

橫膈膜　Diaphragm
橫跨胸廓底部，分隔胸、腹兩腔的薄層肌肉。橫膈膜運動是呼吸作用的重要環節。

去氧核糖核酸　DNA
這是一種化學物質，所有體細胞的細胞核中，幾乎都找得到，唯一例外是成熟的紅血球。一個生物體發育、生長及發揮功能所需一切遺傳資訊，全都包含在 DNA 裡面。

胚胎　Embryo
人體發育早期的一個階段，涵括從受孕開始，一直發育到第八周這段期間。所有纖小器官都在這段時期確立。一旦所有結構全都就定位，胚胎就改稱為胎兒。

內分泌細胞　Endocrine cell
負責分泌激素，直接注入血流的腺體。這類實例包括腎上腺、甲狀腺和卵巢。

外在肌　Extrinsic muscle
作用於身體某處部位的肌肉，若在該部位的內部和外部，都至少各具一個附著點，這條肌肉就稱為外在肌。這類實例包括運動眼睛的外在肌，還有運動手腕的外在肌。

受精　Fertilization
受孕時一顆卵子和一顆精子生成一個新生生物體的結合作用。

配子　Gamete
指稱受精時與另一顆生殖細胞結合的生殖細胞。就人類而言，男性的配子稱為精子，女性的配子則稱為卵子。

胃腸道　Gastrointestinal tract
即消化道，從口部開始，到肛門終止。胃腸道負責分解（消化）食物，吸收水分和養分，還把無用廢物排出身體。

基因　Gene
構成遺傳基礎的遺傳物質單元。各個基因分含身體製造某特定蛋白質所需資訊。人類約有 41,000 個基因，含有界定人類每個個體的所有必要資訊。

腺體　Gland
體內一類器官，負責釋出激素或流質。這類實例包括生產唾液的唾液腺、泌出母乳的乳腺，還有胰臟，負責生產胰島素等身體激素和參與消化的胰液。

肝細胞　Hepatocyte
肝細胞參與生產蛋白質、碳水化合物、脂肪、膽固醇和膽汁。攝入藥物和毒物時，也須肝細胞參與分解、去毒。

體內恆定　Homeostasis
讓體內環境盡量保持常態的調節作用。體內恆定維持定溫，保持鹽分和液體均衡，並協助讓血中所含氧、葡萄糖和其他物質的水平，分別保持在常態區間之內。

雛型人　Homunculus
描畫人類的一種代表圖像。舉例來說，大腦皮質不同部位分別參與推動身體特定部位，參酌各皮質部相對大小，可以畫出一個人的圖像（雛型人），則圖像各部位大小，便暗示用來控制該處部位的相對腦量。

激素　Hormone
激素是種化學傳訊物質，由身體某一部位的細胞釋入循環，對身體另一部位的細胞產生作用。

干擾素　Interferon
免疫細胞因應病毒感染而製造的一類蛋白質。干擾素能抑制病毒在體細胞內的複製作用，還能刺激其他免疫細胞（如巨噬細胞）出手助陣對抗感染。

內在肌　Intrinsic muscle
位於身體某部位裡面，且對該部位起作用的小型肌肉。手部內在肌就是個例子，這群肌肉的起點跟作用點都在手掌之內。

淚腺　Lacrimal gland
負責生產淚液的腺體，位於左右眼窩（眼眶）的上外側部位。

白血球　Leucocyte
一類白色的血球，構成免疫系統的一環。白血球分布全身，順沿循環系統和淋巴系統運行。白血球能幫忙辨識、對抗細菌和病毒等外來顆粒。

韌帶　Ligament
一種強韌的纖維狀組織條帶，把關節處的骨頭連接在一起。腹腔和骨盆腔的襯膜皺襞也稱為韌帶，好比支撐子宮的闊韌帶。

淋巴結　Lymph node
一種構成淋巴系統環節的小型結構。淋巴結位於身體各處，作用就像濾器，能捕捉細菌等異物顆粒。淋巴結含免疫細胞（白血球），能幫忙辨識、對抗感染。淋巴結若經觸動，積極對抗感染或其他疾病，體積就會增大。

淋巴管　Lymph vessel
隸屬淋巴系統的薄壁管道，淋巴液循淋巴管流動。

淋巴球　Lymphocyte
一類白血球。主要區分三類，其中 B 淋巴球能生產抗體，T 淋巴球負責管制其他免疫細胞的活動，第三種是自然殺手細胞。

巨噬細胞　Macrophage
一類白血球，見於身體組織內部。這類細胞演變自單核球。單核球是隨循環運行的白血球。一顆單核球一旦脫離血流，就會歷經改變，化為一顆巨噬細胞。巨噬細胞和單核球都能吸收、摧毀無用碎屑和異物顆粒。

膜　Membrane
把身體兩部分隔開來的天然屏障層。細胞膜把胞內和外界分隔開來。較大的膜把身體較大部位分隔開來，比如胸膜把肺臟和胸壁、心臟分隔開來。

膜電位　Membrane potential
細胞膜內、外側的電壓差距。膜電位讓神經細胞得以傳導電信息。

減數分裂　Meiosis
細胞的一種分裂歷程，分裂形成的子細胞所含染色體數量，只及母細胞染色體之半。有性生殖藉由這種歷程生成生殖細胞。

粒線體　Mitochondria
位於體細胞內的結構，負責「燃燒」葡萄糖和脂肪酸，產生化學能量和熱，還能調節細胞代謝。粒線體含有自己的遺傳物質，構成環狀 DNA 股。據信粒線體是從原始細菌演化而來，約 20 億年前和單細胞生物結成共生關係。

有絲分裂　Mitosis
細胞的一種分裂歷程，能形成完全相同的子細胞，每顆子細胞所含染色體和母細胞的染色體數量相等。這個歷程對組織生長和修補都至關重要。

桑葚胚　Morula
一種實心的細胞球團，由受精卵分裂形成。當這團細胞開始發展出一個充盈流質的內腔，這時就改稱為囊胚。

肌肉　Muscle
精瘦的收縮性組織，讓身體各部得以做出動作。心肌和平滑肌（比如血管內和腸內的肌肉）的收縮不由意識思維來控制。隨意肌（橫紋肌）能憑意識控制收縮，好比藉此來運動骨骼、雙眼和舌頭。

髓鞘　Myelin
以神經膠細胞包繞神經纖維構成的脂肪質絕緣護套。髓鞘構成電絕緣層，並行的神經纖維才不會彼此造成短路。

自然殺手細胞　Natural killer (NK) cell
一類淋巴球，能攻擊異常細胞，比如受病毒感染或構成癌症部位的細胞。

神經膠細胞　Neuroglia
見於神經系統的細胞，負責支撐神經細胞（神經元）。有些神經膠細胞能為神經細胞供應氧氣和養分，有些能發揮類似鷹架的作用，讓神經元保持在固定位置；另有些構成髓鞘，包繞一條條神經纖維，還有些則能辨識、摧毀異物顆粒。

神經元　Neuron
神經系統的一類特化細胞，能發出並傳送電脈衝。

器官　Organ
體內一群組織聚集形成的特定結構，分具一項或多項特定功能。

骨元　Osteon
形成硬骨（緻密骨）所含建構模塊的基本單元。

排卵　Ovulation
卵巢排出一枚卵子的現象。適孕期女性平均每 28 天排卵一次。

卵子　Ova
雌性的生殖細胞，或稱配子。

分娩　Parturition
生產的歷程，妊娠進入尾聲的女性在分娩時生下一個嬰兒。

周邊神經系統　Peripheral nervous system
神經系統的一個部分，位於腦和脊髓之外（這兩個部位共同組成中樞神經系統）。周邊神經把中樞神經系統和四肢與身體器官連接在一起。

蠕動　Peristalsis
腸道平滑肌的規律收縮，從口部推動內容物質穿行至肛門。

腹膜　Peritoneum
襯覆腹腔暨骨盆腔內表面以及腹部暨骨盆部各器官外表面的薄層組織。

費洛蒙　Pheromone
一種沒有氣味的化學物質，能從一個人釋出並由另一個人的鼻子感測，用來改動男女的先天行為。據信費洛蒙影響了性吸引和母子關係的建立。

腦下腺　Pituitary gland
腦中一種內分泌腺，能分泌幾種激素來參與身體歷程的調節作用。腦下腺通常又號稱「主腺體」。

胸膜囊　Pleural sac
以胸膜構成的囊袋。胸膜是襯覆胸腔內表面和肺臟外表面的薄層組織。兩層胸膜以薄層流質分隔，呼吸時會相互滑動。

蛋白質　Protein
由胺基酸建構模塊構成的一類化學物質。胺基酸序列由基因所含資訊的序列來決定。

肺系統　Pulmonary system
呼吸系統的別稱。

反射　Reflex
對特定刺激（如疼痛或亮光）做出的自主式高速不隨意神經反應。

呼吸道　Respiratory tract
參與呼吸歷程的器官。

皮脂腺　Sebaceous gland
皮膚的一種腺體，能分泌一種油性物質（皮脂）來潤滑、保護皮膚和毛髮。

中隔　Septum
分隔兩空腔的解剖分隔構造。比如分隔鼻孔的鼻隔，還有分隔心臟左右兩部分的心隔。

精子　Spermatozoa
雄性生殖細胞，或稱配子。

突觸　Synapse
介於兩顆神經細胞之間的縫隙。跨縫隙溝通有兩種作法，或釋出化學物質（化學突觸），或發出電信息躍過突觸（電性突觸）。

突觸延擱　Synaptic delay
一顆神經細胞發出一道電信息跨越化學突觸，延擱約 0.5 毫秒才傳抵另一顆神經細胞，這段時間稱為突觸延擱。訊號在神經通路上的傳遞速率，會隨著參與的突觸數量增多而逐次遞減。

肌腱　Tendon
把肌肉附著於骨頭的結締組織強韌條帶。

胸廓　Thorax
位於頸部和腹部之間的身體部位，以胸骨、胸椎、肋骨和橫膈膜為界。胸廓也稱為胸部。

甲狀腺　Thyroid gland
位於脖子底部前方的一種內分泌腺。

組織　Tissue
同具相仿性質且聚在一起執行特定功能的一群特化細胞。身體含四大類組織：肌肉組織、上皮組織、結締組織和神經組織。

孕期三分法　Trimester
以三個月為單位的時期，通常用來描述為期九個月的懷孕持續時間。妊娠第一期代表從第一到第三個月，妊娠第二期從第四到第六個月，而妊娠第三期則代表從第七到第九個月。

鮮味　Umami
新近才經確認的味道感覺，也就是「肉味」和「鮮香滋味」。

靜脈　Vein
向心臟輸運血液的血管。除了肺靜脈（和懷孕期間的臍靜脈）之外，所有靜脈都輸運去氧血。

心室　Ventricle
心臟兩類空腔之一，位於心房下方。右心室向肺泵送去氧血。左心室泵出充氧血，取道主靜脈輸往身體其餘部位。

脊椎骨　Vertebra
構成可屈區脊柱的一塊塊骨頭。

圖片來源

Illustration credits

All anatomical artworks in this book © primal pictures limited, london

illustration page103 Amanda Williams

Photographic credits

The following images are from Science Photo Library:

p2, p14 Medical RF.Com; p16 BSIP, Jacopin; p17 CNRI; p18 David Mack, (top) Thomas Deerinck, NCMIR, (bottom) Leonard Lessin / FBPA; p20 (top, upper middle) Steve Gschmeissner, (lower middle) Biophoto Associates, (bottom) Innerspace Imaging; p21, 22 Steve Gschmeissner; p39 Medical RF.Com; p46 R Bick, B Poindexter, UT Medical School; p50 (top left) Eye of Science, (middle) Steve Gschmeissner, (bottom) Asa Thoresen; p56 Riccardo Cassiani-Ingoni; p61 (top) Steve Gschmeissner, (bottom) Professor P Motta & D Palermo; p62 (left) BSIP, Jacopin; p63 (left) Dr David Furness, Keele University, (right) Jean-Claude Revy, ISM; p69 (top left) BSIP, VEM, (right) Wellcome Dept. of Cognitive Neurology; p72 Steve Gschmeissner; p73 Eye of Science; p78 Gunilla Elam; p80 (main) Medical RF.Com, (bottom) Steve Gschmeissner; p82 (left, middle, right) Anatomical Travelogue; p85 CNRI; p87 Susumu Nishinaga; p89 Professor P Motta & G Franchitto, University "La Sapienza", Rome; p90 Zephyr; p93 (bottom left) Zephyr, (top, bottom right) Steve Gschmeissner, (upper middle) BSIP, VEM, (lower middle) ISM; p94 Photo Insolite Realite; p96 BSIP, PIR; p99 Professor P Motta & Macchiarelli, University "La Sapienza", Rome; p104 National Cancer Institute; p105 Dee Breger & Andrew Leonard; p106 Manfred Kage, Peter Arnold Inc.; p109 (middle) John Bavosi, (bottom) Russell Kightley; p110 Stem Jems,; p111 (top) Eye of Science; p112 Russell Kightley; p113 (middle) Dr Tim Evans, (bottom) Dr Mark J Winter; p114 K Somerville, Custom Medical Stock Photo; p115 Steve Gschmeissner; p116 JW Shuler; p119 Steve Gschmeissner, (bottom) Professors P Motta, S Makabe & T Naguro; p121 Medical RF.Com; p123 Steve Gschmeissner; p124 Medimage; p125 Steve Gschmeissner; p126 Stephanie Schuller; p129 (bottom left) Steve Gschmeissner, (bottom right) Medical RF.Com; p135 Innerspace Imaging; p138 CNRI; p141 Professors P Motta, T Fujita & M Muto; p143 (top left) Marshall Sklar, (top right) John Daugherty; p144 Pasieka; p150 Dr Yorgos Nikas; p154 Alain Pol, ISM; p155 (left) Professors P Motta & J Van Blerkom, (right) Professor P Motta & Familiari, University "La Sapienza", Rome; p156 Dr Yorgos Nikas; p157 (top left) Professor P Motta et al, (top right) Biophoto Associates; p158 David Gifford; p159 (top left) Pascal Goetgheluck, (top right) Dr Yorgos Nikas, (bottom) Dr Gopal Murti; p160 Richard Lowenberg; p161 (top right) Professor P Motta & F Barberini, University "La Sapienza", Rome, (bottom right) John Bavosi; p162 Dr MA Aansary; p163 Medical RF.Com; p164 Anatomical Travelogue; p165 Neil Bromhall; p166 Du Cane Medical Imaging Ltd; p167 Mehau Kulyk; p68 Medi-Mation; p169 (top) Alexander Tsiaras, (bottom) Pasieka; p170 (bottom left) Andrew Syred, (right) Athenais, ISM; p171 (top left) David McCarthy, (top right) Dr Keith Wheeler, (middle left) BSIP, Gondelon, (middle right) CNRI, (bottom right) Hybrid Medical Animation. P161 (middle), Professor Stuart Campbell, Create Health, London.

圖解
3D人體大透視

2011年11月初版　　　　　　　　　　　　　　定價：新臺幣450元
2017年7月初版第十二刷
有著作權・翻印必究
Printed in Taiwan.

著　　者	Dr. Sarah Brewer	
譯　　者	蔡　承　志	
繪　　者	Primal Pictures	
總　編　輯	胡　金　倫	
總　經　理	羅　國　俊	
發　行　人	林　載　爵	

出　版　者	聯經出版事業股份有限公司	叢書主編	李　佳　姍
地　　址	台北市基隆路一段180號4樓	審　訂	陳　皇　光
編輯部地址	台北市基隆路一段180號4樓	校　對	陳　佩　伶
叢書主編電話	(02)87876242轉229	封面視覺	江　宜　蔚
台北聯經書房	台北市新生南路三段94號	內文排版	朱　智　穎
電話	(02)23620308		
台中分公司	台中市北區崇德路一段198號		
暨門市電話	(04)22312023		
郵政劃撥帳戶	第0100559-3號		
郵撥電話	(02)23620308		
印　刷　者	文聯彩色製版印刷有限公司		
總　經　銷	聯合發行股份有限公司		
發　行　所	新北市新店區寶橋路235巷6弄6號2F		
電話	(02)29178022		

行政院新聞局出版事業登記證局版臺業字第0130號

本書如有缺頁，破損，倒裝請寄回台北聯經書房更換。　　ISBN　978-957-08-3895-4 (平裝)
聯經網址 http://www.linkingbooks.com.tw
電子信箱 e-mail:linking@udngroup.com

國家圖書館出版品預行編目資料

3D人體大透視/ Dr. Sarah Brewer著 . 蔡承志譯 .
Primal Pictures繪圖 . 初版 . 臺北市 . 聯經 . 2011年
11月（民100年）. 176面 . 21×25.6公分（圖解）
ISBN　978-957-08-3895-4（平裝）
[2017年7月初版第十二刷]

1.人體學　2.人體解剖學　3.人體生理學

397　　　　　　　　　　　　　100019676